高等学校遥感信息工程实践与创新系列教材

3D技术与应用实践

赵鹏程　胡庆武　艾明耀　王少华　主编

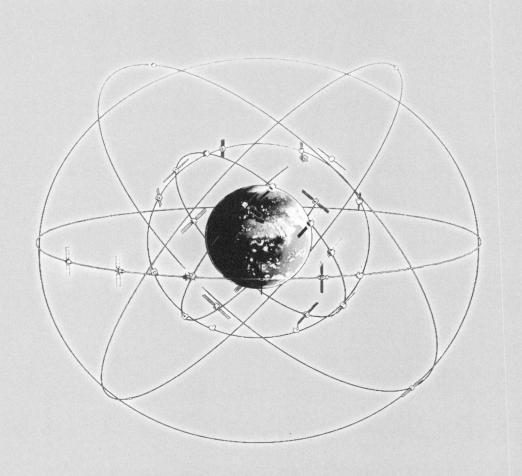

WUHAN UNIVERSITY PRESS
武汉大学出版社

图书在版编目(CIP)数据

3D 技术与应用实践/赵鹏程等主编 . —武汉:武汉大学出版社,2023.12
高等学校遥感信息工程实践与创新系列教材
ISBN 978-7-307-23907-4

Ⅰ.3… Ⅱ.赵… Ⅲ.快速成型技术—高等学校—教材 Ⅳ.TB4

中国国家版本馆 CIP 数据核字(2023)第 146153 号

责任编辑:鲍 玲 责任校对:汪欣怡 版式设计:马 佳

出版发行:**武汉大学出版社** (430072 武昌 珞珈山)
(电子邮箱:cbs22@ whu.edu.cn 网址:www.wdp.com.cn)
印刷:武汉中科兴业印务有限公司
开本:787×1092 1/16 印张:13 字数:308 千字 插页:1
版次:2023 年 12 月第 1 版 2023 年 12 月第 1 次印刷
ISBN 978-7-307-23907-4 定价:49.00 元

高等学校遥感信息工程实践与创新系列教材

编审委员会

序

    实践教学是理论与专业技能学习的重要环节，是开展理论和技术创新的源泉。实践与创新教学是践行"创造、创新、创业"教育新理念，实现"厚基础、宽口径、高素质、创新型"复合人才培养目标的关键。武汉大学遥感科学与技术类专业（遥感信息、摄影测量、地理信息工程、遥感仪器、地理国情监测、空间信息与数字技术）的人才培养一贯重视实践与创新教学环节，"以培养学生的创新意识为主，以提高学生的动手能力为本"，构建了反映现代遥感学科特点的"分阶段、多层次、广关联、全方位"的实践与创新教学课程体系，夯实学生的实践技能。

    从"卓越工程师教育培养计划"到"国家级实验教学示范中心"建设，武汉大学遥感信息工程学院十分重视学生的实验教学和创新训练环节，形成了一整套针对遥感科学与技术类不同专业方向的实践和创新教学体系、教学方法和实验室管理模式，对国内高等院校遥感科学与技术类专业的实验教学起到了引领和示范作用。

    在系统梳理武汉大学遥感科学与技术类专业多年实践与创新教学体系和方法的基础上，整合相关学科课间实习、集中实习和大学生创新实践训练资源，出版遥感信息工程实践与创新系列教材，不仅能够服务于武汉大学遥感科学与技术类专业在校本科生、研究生实践教学和创新训练，而且可为其他高校相关专业学生的实践与创新教学以及遥感行业相关单位和机构的人才技能实训提供实践教材资料。

    攀登科学的高峰需要我们沉下心去动手实践，科学研究需要像"工匠"般细致入微地进行实验，希望由我们组织的一批具有丰富实践与创新教学经验的教师编写的实践与创新教材，能够在培养遥感科学与技术领域拔尖创新人才和专门人才方面发挥积极作用。

2017 年 3 月

前　　言

　　人类生活在立体空间中，人类的眼睛和身体感知到的这个世界都是三维立体的，并且具有丰富的色彩、光泽、表面、材质等外观质感，以及巧妙而错综复杂的内部结构和时空动态的运动关系，所以我们对这世界的任何发现和创造的具象都是三维的。但是在人类漫长的历史进程中，由于技术手段的限制，无法简便、直接、快捷地用三维的方式来描述这个三维空间世界，只能在沙土、羊皮、纸张的二维平面上，用图画来表达和传递对这个世界的认识和创造，人们发明了平面投影和透视等方法，并基于纸张平面形成了抽象的 2D 平面技术体系。直到 20 世纪，电脑的发明和快速普及，以及互联网技术的飞速发展，迅速地改变了这一切，并深刻地改写了我们的生活方式、消费方式、工作方式和生产方式。基于电脑和互联网的三维数字化技术，终于使人们对现实三维世界有了直观立体的认识。无论在虚拟的网络上还是在现实的生活中，从大到飞机、轮船、汽车、电站、大厦、楼宇、桥梁，小到生活中的每一个小小的工业产品，到处都能见到电脑制作的数字化的 3D 模型动画与仿真。这是 2D 平面时代到 3D 数字化时代的一场深刻革命！

　　本书以 3D 数字资源为主线，串接高精度重建（3D 扫描）、智能化编辑（3D 设计）、真实感高清展示（3D 显示）、重返客观世界（3D 打印）四项关键技术。以实践案例为主要内容，分别介绍了 Photoscan、Geomagic Studio、3D Max、Lumion、ThreeJs 等 3D 行业软件，双目 RGBD 相机、激光扫描仪、手持结构光扫描仪、光固化打印机、熔融打印机等 3D 行业硬件，3D 扫描、设计、显示、打印等前沿技术，涉及测绘、建筑、制造、CG、考古等多行业应用。从摄影测量的视角出发，结合 BIM、元宇宙、智能制造等热门领域，激发学生对测绘遥感、计算机动画、工业制造、文化考古等行业的兴趣。

　　本书第 1 章对 3D 技术进行了概述，引出 3D 数字化扫描、3D 数字化设计、3D 可视应用与 3D 打印等关键技术。第 2、3 章分别从基于激光和结构光的 3D 数据获取，和基于多视角影像的快速 3D 重建两方面，罗列了当前 3D 数据的获取方式。第 4、5 章详细介绍了 3D 模型生成、编辑、纹理映射、3D 动画制作等数字模型的制作方法。第 6、7 章介绍了传播分享 3D 数字模型与落地现实世界的相关技术方法，详细示例了基于 WebGL 的 3D 模型在线发布技术和基于熔融和光固化的 3D 打印技术。

　　本书属于高等学校遥感信息工程实践与创新系列教材，在编写过程中得到了武汉大学遥感信息工程学院和遥感信息工程国家级实验教学示范中心教师们的关心和指导，本书相关资料、数据、代码等整理和调试工作由课题组的张栩婕、刘玉琪、段旭哲、金勤耕、岳彤、柳天成等研究生完成，并在 3D 技术与应用创新创业课程中开展了讲义试用和反馈，在此一并表示感谢。

　　因编写时间仓促，无论在内容选择还是文字表达方面，一定存在诸多不妥和不足，恳请读者批评指正。此外，书中涉及的部分软件在实际中由于版本更新等情况，与本书介绍的一些步骤会略有差异。

编　者

2023 年 7 月

目　　录

第1章 3D 技术概述

我们经常能听到"3D"这个名词，且往往跟高科技联系在一起，如 3D 显示、3D 电影、3D 扫描、3D 打印等。人类每天就生活在三维空间中，3D 对我们来说是一个再寻常不过的概念。3D 之所以被认为是"高科技"，很大程度上归因于我们通过高科技的数字化手段，使得客观世界中的 3D 实体能够在虚拟世界中得以高精度重建（3D 扫描）、智能化编辑（3D 设计）、真实感高清展示（3D 可视化），乃至重新返回至客观世界（3D 打印）。就学科专业而言，3D 技术融合计算机视觉、计算机图形学、模式识别与智能系统、复杂系统与自动控制、数据挖掘与机器学习、工程材料学、光机电一体化等学科，是名副其实的"技术密集型"高科技。

1.1 3D 概念与应用

3D 是英文"Three dimensions"的简称，中文称作三维、三个维度或三个坐标，即具有长、宽、高三个度量值的特征，是相对只有长和宽的平面（2D）而言。今天所称的 3D，主要特指基于电脑/互联网的数字化的 3D/三维/立体技术，包括 3D 软件技术和硬件技术。

人类生活在立体空间中，人类的眼睛和身体感知到的世界都是三维立体的，并且具有丰富的色彩、光泽、表面、材质等外观质感，以及巧妙而错综复杂的内部结构和时空动态的运动关系，因此我们对这个世界的任何发现和创造的具象都是三维的。但是在人类漫长的历史进程中，受技术条件的限制，无法简便、直接、快捷地用三维的方式来描述这个三维空间世界，只能在沙土、羊皮、纸张的二维平面上，用图画来表达和传递对这个世界的认识和创造，人们发明了平面投影和透视等方法，并基于纸张平面形成了抽象的 2D 平面技术体系。直到 20 世纪，电脑的发明和快速普及，以及互联网的飞速延伸，迅速地改变了这一切，并深刻地改写了我们的生活方式、消费方式、工作方式和生产方式。基于电脑和互联网的三维数字化技术，终于使人们对现实三维世界的认识重新回归到了原始的直观立体的境界。无论在虚拟的网络上还是在现实的生活中，大到飞机、轮船、汽车、电站、大厦、楼宇、桥梁，小到生活中的每一个小小的工业产品，到处都能见到电脑制作的数字化的 3D 模型动画与仿真。这是 2D 平面时代到 3D 数字化时代的一场深刻革命！

随着硬件设备和软件设施的发展进步，近年 3D 技术得到了普及，3D 技术已经逐步渗透到人们的生产和生活中，并赋能多行业实现技术及产品的三维提升，3D 技术新的突破和发展将继续拓宽人类的想象边界。3D 技术是推进工业化与信息化"两化"融合的发动机，是促进产业升级和自主创新的推动力，是工业与文化创意产业广泛应用的基础性、战略性工具技术，嵌入了现代工业与文化创意产业的整个流程，包括工业设计、工程设计、模具设计、数控编程、仿真分析、虚拟现实、展览展示、影视动漫、地产宣传片、3D 立体画、电子书、教育训练等，是各国争夺行业至高点的竞争焦点。3D 技术的应用领域列举如下：

（1）工业领域。3D 技术可以应用于过程控制、数值模拟、CAD/CAM（计算机辅助设计与制造）、工业检测、远程监视、危险产品生产安装及远程机器人视觉显示等各个方面，并带来前所未有的逼真视觉效果。

（2）医疗卫生领域。3D 技术能够在远程诊断中为医生和专家提供直接的测试实况和诊疗实况，使他们获得比平面显示更多的视觉信息。此外，3D 技术在内窥镜图像显示、眼科疾病诊断、MRI、CT、B 超成像、手术模拟及虚拟医院等方面同样具有十分重要的应用前景。

（3）建筑领域。3D 技术可以为设计专家和工程人员展示设计、装修、美化等各方面的信息，使他们能够获得具体的细节信息，并在正式施工前完成全部设计工作。

（4）军事领域。3D 技术能够真实展现自然场景的实际情况，适用于飞行模拟训练、控制系统显示及潜艇水下领航等方面。

（5）教育领域。近年兴起的 3D 打印机，不仅大大提高了师生的动手能力，还让 3D 模型技术得到了进一步发展，不断丰富了教学可视化技术。

此外，3D 技术在航天航空立体观测、星际遥感遥测成像分析、风洞试验和空气动力学模型等方面也具有重要的使用价值。

1.2　3D 数字化技术

3D 技术能将真实世界中的事物以更加逼真的效果展现给人们。随着人们生活水平的日益提高，对 3D 效果的需求也越来越大，尤其在医学、影视娱乐等方面，3D 技术的应用也层出不穷。然而，相较于 3D 显示和打印的硬件设备来说，具有 3D 效果的资源数量明显不足。

数字化是"第四次工业革命"的媒介和载体，3D 数字化是 3D 打印的核心，其利用计算机来生成数字化的 3D 模型，以便输出到 3D 打印机。正所谓巧妇难为无米之炊，缺少数字化文件支持的 3D 打印机只是一个空壳。3D 数字化设计使得消费者和制造商之间的关系越来越密切，可以在产品打印出来之前对方案进行反复修改，并使用户对于定制的期望变得更加强烈。3D 数字化技术主要分为两大类：3D 数字化设计和 3D 数字化扫描。

1.2.1　3D 数字化设计技术

3D 数字化设计即使用数字化设计软件，由设计师从无到有地设计 3D 数字化产品，最简单的几何表示是采用传统的建模工具，如使用 SolidWorks、AutoCAD、3DS MaxMaya、Rhino3D、ZBrush 等常见的 3D 商业设计软件，还有 Blender、Tinkercad、3DTin、SketchUp 等多款各有特色的设计软件来表达曲面网格形状。3D 数字化设计与传统的 CAD 技术关系密切，是其不断发展所抵达的最新阶段。所谓 CAD（Computer Aided Design，计算机辅助设计），是指利用计算机软件制作并模拟实物设计，展现新开发产品的外形、结构、色彩、质感等特色的过程。随着社会对数字化生存的依赖日益加强，仅靠 CAD 技术已难以应付各行各业的需求，因此 3D 计算机图形学、计算机视觉、模式识别与智能系统、机器学习等其他交叉学科已开始融入且越来越有融为一体的趋势。

手工建模是一项比较繁琐、费时的工作。比如设计一把椅子，设计完成后，如果发现某个地方尺寸短了，那不仅需要修改这个地方，还要修改与之相连的两端，否则这把椅子合不拢。参数化建模则不存在这个问题。所谓参数化建模（Parametric Modeling，也称基于特征的建模），就是将原有设计中的某些尺寸特征，如形状、定位或装配尺寸，设置为参变量（所谓变量，即不是定死的，而是可灵活调整的）。如果修改这些变量的值，计算机就会自动变动其他相关的尺寸，由此得到不同大小和形状的零件模型。参数化设计的本质是在结合造型可参数化表达的作用下，系统能够自动维护所有的不变参数（如椅子腿长必须为 0.5m，椅子后背的长宽比必须为 2∶1）等，以保持形状的固有特征。有了参数化设计，只需简单指定长、宽、高 3 个参数，就能快速获得一大堆定制的茶杯形状模型，而无须费时费力地对每个茶杯的几何细壁厚、手柄、底座等尺寸逐一做手动更改。

编程式智能设计可以轻易地在这个蛋糕上绘制几百万个规则的精美图案，而这对于手动设计来说犹如噩梦。为了生成更加丰富的个性图案，还可以采用复杂的生长式智能系统，按照一套既定的生成规则来实现。智能化达到一定层次后，更可让设计的形状根据未知环境实时调整，适应各种物理和美学约束条件。比如，基于算法的智能设计软件能够根据物理环境调整建筑结构的空间形状，从而使建筑结构更加稳定。

采用人工智能进行设计的另一个优势是增强人和计算机之间的交互性，用户不需要了解计算机设计的内部原理，只需从计算机推荐的参考形状中不断地做出挑选，计算机根据反馈对参考形状进行优化调整，如此反复，直到最终生成一个满意的设计。

1.2.2 3D 数字化扫描技术

并非人人都有能力自己设计 3D 形状，因此第二大类的 3D 数字化就是 3D 扫描（俗称 3D 照相）。它基于计算机视觉、计算机图形学、模式识别与智能系统、光机电一体化控制等技术对现实存在的 3D 物体进行扫描采集，以获得逼真的数字化重建。3D 扫描属于逆向工程（Reverse Engineering）的一种，通过扫描产品实物的 3D 外形来获取原本不公开的数字化设计图纸。3D 扫描及数字化系统可广泛应用于汽车、模具制造、家具、工业检测、制鞋、医疗手术、动漫娱乐、考古、文物保护、服装设计等行业，以提高行业生产效率。

研发人员通过扫描产品实物，如市面上已有的一款鼠标，通过逆向重建软件（如 Geomagic Studio）可迅速获得该款鼠标的 CAD 三维模型，并以此为基础，用正向 CAD 软件（如 SolidWorks）加入自己的创新设计元素，即可生产出一款新型鼠标，这样大大节省了研发人员的设计时间，提高了工作效率。

3D 扫描技术可分为主动式扫描与被动式扫描两种。主动式扫描是对被测物体附加投射光，包括激光、可见白光、红外光、超声波与 X 射线等。由于激光会对生物体及比较珍贵的物品造成伤害，因此不能应用于某些特定领域。目前最新的基于结构白光（Structured Lighting）的扫描设备能同时测量物体的一个面，点云密度大、精度高，在快速采集物体三维表面信息方面具有独特优势。除此之外，还有基于时差测距（Time-of-Flight）、三角测距（Triangulation）、调变光（ModulatecLighting）和光照编码（Light Coding，如 Microsoft Kinect 设备就是采用此原理，具有实时性的特点）的主动式扫描技术等。

被动式扫描对被测物体不发射任何光，而是采集被测物体表面对环境光线的反射，因此不需要特殊规格的硬件，往往只需要一台或几台照相机获取多个视角的图片即可，成本非常低。被动式重建方法，如 Autodesk 的 123D Catch，通常基于计算机三维视觉的理论方法，如立体视觉法（Stereoscopic）、从明暗恢复形状方法（Shape from Shading）、立体光度法（Photometric）。被动式扫描的精度和健壮性受环境光照和照片质量的影响较大，在获得 3D 扫描原始数据后，往往还需要对其进行复杂的后处理，如将多个视角的形状片段进行对齐（Alignment）和拼接配准（Registration），以便统一在同一个世界坐标系下。此外还需要进行漏洞修补、噪声去除、三角化、重网格化等操作，以生成最终的高质量水密（watertigh）流形曲面。目前，还没有一种成熟的 3D 数字化技术能够对自然界的任意形状进行全自动的真实重建，例如对于人体的头发等还不能获得理想的结果。

1.3　3D 可视化应用与打印技术

1.3.1　3D 显示与可视化技术

3D 显示技术是一种新型显示技术，与普通 2D 画面显示相比，3D 技术可以使画面变得立体逼真，图像不再局限于屏幕的平面上，仿佛能够走出屏幕，让观众有身临其境的感觉。尽管 3D 显示技术分类繁多，不过最基本的原理是相似的，就是利用人眼左右分别接收不同画面，然后大脑经过对图像信息的叠加重生，构成一个具有前—后、上—下、左—右、远—近等立体方向效果的影像。3D 显示技术分类可以分为眼镜式和裸眼式两大类。眼镜式 3D 显示技术又可以细分出三种主要类型：色差式、偏光式和主动快门式，即色分法、光分法和时分法。裸眼式 3D 显示技术可分为光屏障式（Barrier）、柱状透镜（Lenticular Lens）和指向光源（Directional Backlight）三种。裸眼式 3D 显示技术最大的优势便是摆脱了眼镜的束缚，在观看的时候，观众需要和显示设备保持一定的距离或角度才能看到 3D 效果的图像（3D 效果受视角影响较大）。

3D 可视化与 3D 图形、3D 渲染、计算机生成图像和其他术语同义使用。3D 可视化是指使用计算机软件创建图形内容的过程，是基于大数据、物联网、云计算等技术构建，提供直观的三维软件应用服务。简而言之，3D 可视化是一种沟通形式。观研报告网发布的《中国 3D 视觉感知行业分析报告——行业供需现状与发展趋势分析（2022—2029 年）》显示，3D 视觉感知行业经过数十年的发展，由早期的工业级成功向消费级拓展，且应用领域仍在不断拓宽，即将迎来快速增长时期，并将在国民经济中发挥着越来越重要的作用。

随着计算机技术的不断发展，数字孪生技术也逐渐得到了广泛应用。数字孪生技术可以将物理世界中的对象转换成数字模型，从而对它们进行仿真、预测和优化。例如，数字孪生技术可以用于机器的维护和修理，城市的规划和管理，医疗设备的优化等。3D 可视化技术可以将数字孪生技术产生的数字模型转化成逼真的三维场景，从而提供更直观的可视化效果。通过使用 3D 可视化技术，用户可以轻松地浏览和分析复杂的三维场景，从而更好地理解和处理数字孪生技术产生的数据。例如，在建筑和城市规划中，3D 可视化技术可以用于可视化城市和建筑的设计和规划，从而更好地评估建筑和城市的效果和影响。

1.3.2　3D 打印技术

3D 打印（三维打印）是增材制造技术（Additive Manufacturing，AM）的俗称。3D 打印名为"打印"，实为"制造"，结合智能数字化，更可实现"创造"。实际上，在大量的英文文献中 3D 打印（3D Printing）常被称作 3D Fabrication（3D 制造），这更准确地描述了 3D 打印的本质。与传统的"切削去除材料"的加工技术（如 3D 雕刻）完全不同，3D 打印以经过智能化处理后的 3D 数字模型文件为基础，运用粉末状金属或塑料等可热熔黏合材料，通过分层加工、叠加成型的方式"逐层增加材料"来生成 3D 实体。由于可采用各种各样的材料（液体、粉末、塑料丝、金属、沙子、纸张，甚至巧克力、人体干细胞等），而且可以自由成型（任意复杂的中空多孔、镶嵌形状），直接从计算机图形数据中便可生成任何形状的零件，因此 3D 打印机是名副其实的"万能制造机"。

当前的 3D 打印技术更适合于个性化定制需求较多、产品更新换代较快的市场环境，可使得从设计到推向市场的时间（包括样件制造、实验测试、模具制造）大幅缩短。3D 打印将会越来越广泛地应用于产品开发设计阶段的原型（样件）制作、辅助工具制造（如模具）直接生产高度定制或技术复杂的小批量产品。3D 打印技术的优势和劣势如下图（图 1.1）。

	技术优势	技术局限和缺点
较高的制作自由度 数字化作业流程 较高的原材料利用率	1. 复杂部件的加工速度加快，成本降低 2. 功能性产品设计性能提高 3. 产品设计环节速度加快 4. 一体化设计减少组装环节 5. 制造工具简化 6. 能源节约程度提高 7. 降低多产品共线的生产成本	1. 简单结构部件制造速度较慢 2. 直接制造部件的大小受限 3. 制造精度相对较低 4. 表面加工质量相对粗糙 5. 控制软件智能化水平有待提高 6. 使用材料范围和性能相对局限 7. 设备、材料成本较高

图 1.1　3D 打印技术的优势和劣势

3D 打印技术在样件设计制造中优势明显，不仅省去模具制造的过程，在提升研发速度的同时，还降低了研发失败的成本。新产品的原型制造使设计师（和客户）可以在设计阶段早期触摸和测试设计理念或功能实现，从而避免了后续变更造成的昂贵代价，为新产品上市节省了大量的时间和金钱。

3D 打印技术在小批量打印方面已经表现出了显著的价值。首先，无须采购各式各样的机床，如车床、铣床、磨床等，这就省去了一大笔设备采购、维护费用。其次，因为是一层层地添加材料，加工产生的废料也大大减少，可以留下 90% 的原材料。

在产品直接制造方面，比如使用 3D 打印实现多层电路一次成型的整合制造，具有明显的速度优势。此外，3D 打印具有"即需即印"的优势，当顾客下单后，定位一个距离顾客物理位置最近的云制造节点，然后开始制造，再迅速送货上门，这样节省了产品库存、物流的成本。

1.4　内容安排

本书将以高精度重建（3D 扫描）、智能化编辑（3D 设计）、真实感高清展示（3D 可视化）、重新生成客观世界（3D 打印）为脉络，梳理 3D 数据获取、建模、动画制作、可视分享和打印等关键技术流程，在各环节分别基于常见软硬件进行实践示例。

第2章　基于激光和结构光的3D数据获取

三维扫描是指集光、机、电和计算机技术于一体的高新技术，主要用于对物体空间外形和结构及色彩进行扫描，以获得物体表面的空间坐标。

点云数据是一组3D空间中的点，通常代表物体的表面，可以使用激光雷达、结构光传感器、立体相机等3D扫描设备进行采集。点云中的每个点都有 X、Y 和 Z 坐标，以及颜色、反射强度、法向量等附加信息。点云在多种应用中使用，包括计算机视觉、机器人技术和3D建模等（图2.1）。点云处理在整个三维视觉领域占有非常重要的地位，几乎涉及所有相关领域，例如自动驾驶感知定位、SLAM、三维场景重建、AR/VR、SFM、姿态估计、三维识别、结构光、立体视觉、三维测量、视觉引导等。

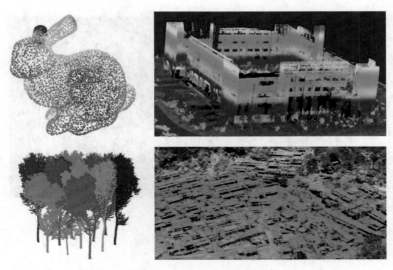

图2.1　雕塑、树木、建筑、场景等点云

通过分析点云中点的模式和分布，基于其形状、纹理或组成的方式来描述物体，点云目标表达的方法包括以下几种：

（1）几何特征：通过从点云中提取法线、曲率和边界框等几何特征来描述物体的形状和大小。

（2）密度分布：点云中点的分布可用于描述与物体表面粗糙度、纹理和与点密度相关的其他特征。

（3）语义分割：可以使用 K-Means 聚类、区域生长和监督学习等算法将点云划分为不同的段，每个段代表一个不同的物体或物体的一部分。

（4）三维重建，将点云表面数据拟合到点上来重建物体的 3D 形状，常用方法包括 Delaunay 三角剖分、Poisson 表面重建和基于网格的重建等。

2.1　3D 点云数据获取设备

根据探测原理的不同，常用的 3D 点云数据获取设备有激光雷达、结构光传感器、立体相机、飞行时间相机等。

1. 激光雷达

激光雷达（Light Detection and Ranging，LiDAR）可以发射激光束，通过测量激光从物体表面反弹回来的时间来采集点云数据。该类设备通常由激光器、扫描仪和传感器组成。激光器发射光脉冲，光脉冲照射到物体表面发生反射，然后被传感器捕捉。利用激光到物体再回到激光器的时间来计算设备和物体之间的距离。将该距离信息与位置和方向信息相结合，生成物体表面的点云（图 2.2）。

图 2.2　激光雷达与测图

激光雷达具有高精度的优势，具备捕捉密集、高分辨率数据的能力，通常可以应用于自动驾驶载具、机器人、三维映射和环境监测等。

2. 结构光传感器

结构光传感器通常由投影仪和摄像头组成，用投影仪投射特定的光信息到物体表面，然后用摄像头采集反射光的信息，根据物体造成的光信号的变化来计算物体的位置和深度等信息，进而复原整个三维空间。

结构光传感器具有高精度、高分辨率的优势，具备实时采集大规模数据的能力，在工业检测、机器人和三维扫描（图 2.3）等领域中得到了应用。

图 2.3 结构光传感器扫描物件

3. 立体相机

立体相机（图 2.4）由两个相机组成，从略微不同的角度捕捉物体的图像。然后基于每组图像中存在的视差，运用三角测量技术计算图像中特征的位置，以此生成点云。

图 2.4 双目立体相机

4. 飞行时间相机

飞行时间（Time of Flight，ToF）相机（图 2.5）使用光脉冲测量光从相机到物体并返回的时间，然后使用时间信息计算相机和物体之间的距离，生成点云。

此外，根据采集平台的不同，可以将 3D 数据获取设备分为固定式、移动式和手持式

图 2.5　飞行时间相机设备

等类型（图 2.6）。

手持式

移动式　　　　　　　　　固定式

图 2.6　3D 数据采集平台

1）固定式扫描设备

固定式扫描设备一般固定放置在地面、物体表面等平面位置，为了拓展其扫描范围，其往往内置两组电机，控制扫描仪沿水平和垂直方向摆动，对整个场景进行扫描，获取点云。对于大规模场景，可以架设多个测站分别进行场景部分区域的数据采集，之后将多站进行拼接，获得该场景的完整点云。

2）移动式扫描设备

移动式扫描设备通过安装在移动平台（如小车、无人机等）上的一个或多个激光扫描仪来获取 3D 数据。与固定式扫描设备相比，它还需要辅以定位定姿技术，如 IMU、GNSS、POS 系统等，用来还原采集过程中的运动轨迹，并基于此将各个时刻采集的点云进行融合，以获得场景的完整点云。

3）手持式扫描设备

手持式扫描设备是一种特殊的移动式扫描设备，它具有紧凑、便携的特点，通过在物体上移动设备，可以从多角度对物体进行数据采集，并且允许快速高效地采集数据，近年来得到了越来越广泛的应用。

2.2 地面三维激光扫描获取 3D 数据示例

2.2.1 原理及常用设备

地面三维激光扫描仪是一种利用激光技术来采集物体表面和环境三维数据的设备。地面三维激光扫描仪通常固定在地面进行 3D 数据的采集。三维激光扫描仪发射器发出一束激光脉冲信号，经物体表面漫反射后，沿几乎相同的路径反向传回到接收器，这样就可以计算目标点与扫描仪之间的距离；此外，为了获取整个环境的点云数据，其往往内置垂直和水平两个方向的旋转电机。垂直电机用于将激光束均匀地在垂直于地面的扫描面上发射，而水平电机以扫描仪中心与地面的垂线为旋转轴，使扫描面拓展到整个场景，控制编码器同步测量每个激光脉冲横向扫描角度观测值和纵向扫描角度观测值（图 2.7）。由于三维激光扫描距离的限制，对于大型场景的点云数据采集，需要架设多站地面三维激光扫描仪，因此面临站与站之间的点云数据拼接问题。

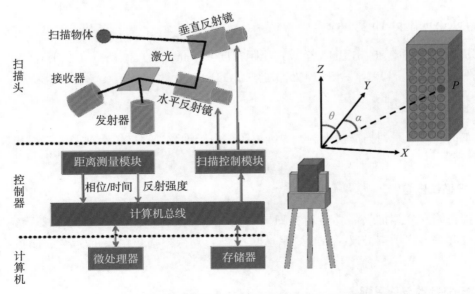

图 2.7 地面三维激光扫描仪工作原理

常用地面三维激光扫描仪（图 2.8）如下：

图 2.8　常用地面三维激光扫描仪

1. Faro Focus Premium 350

扫描距离：350m；可视范围：614m（最高 50 万点/秒），307m（100 万点/秒），153m（200 万点/秒）；3D 精确性：10m 时为 2mm，25m 时为 3.5mm；测距误差：1mm；角精度：19arcsec；最大速度：高达 200 万点/秒；质量：4.4kg（包含电池）。

2. Leica ScanStation P50

提供 120m、270m、570m 和大于 1km 四种长距离扫描模式。扫描速率：100 万点/秒；全景图像高达 7 亿像素；测距精度：1.2mm+10ppm（270m 模式）/3mm+10ppm（>1km 模式）；测角精度：8"；精密双轴补偿技术，精度：1.5"；机重：12.25kg。

3. Teledyne Optech Polaris TLS

相机内部分辨率 80-MPIIMA 全景；测距精度：4mm；最大值视野（水平）：360°；最大值视野（垂直）：120°（-45°~+75°）；机重 11.2kg。

2.2.2　数据采集

以 Faro Focus 系列扫描仪为例，详细说明地面三维激光扫描仪数据采集流程和数据多站拼接流程。

1. 扫描仪安置

地面三维激光扫描仪需要使用三脚架安置于地面后再使用（图 2.9）。安置完毕后，按扫描仪开关键启动扫描仪，LED 灯呈蓝色闪烁，等待扫描仪触摸屏上显示控制器软件的首页。

2. 扫描参数与项目配置

扫描开始前，需要进行参数选取和项目配置。首先，进入首页的【参数】菜单，设

图 2.9　扫描仪安置

置此次扫描的"配置文件""分辨率/质量""扫描角度",以及其他参数(图 2.10)。

图 2.10　扫描参数设置

3. 开始扫描

回到首页，点击【扫描】按钮开始扫描。扫描时，页面显示扫描视图，扫描仪 LED 灯会呈红色闪烁，并在扫描仪的激光打开期间一直保持此状态。扫描过程中，点击"暂停"按钮暂停扫描，这样可以避免对汽车、行人等移动物体的扫描。扫描完成后，界面会显示此次扫描预览，其中包含已采集的预览图片（图 2.11）。可以将扫描仪移至下一个扫描位置，点击【开始扫描】按钮开始新一轮扫描，或点击【参数】按钮配置下次扫描的参数。当需要对扫描场景某一重点区域（如标靶、靶球等）进行精细扫描时，可以在【预览扫描】界面中框选对应区域后，点击【参数】按钮，设置一个更高的"分辨率/质量"，然后再点击【开始扫描】，对该框选的重点区域进行精细扫描。

图 2.11　扫描视图和扫描预览

4. 数据管理

当扫描项目较大时，应该对采集数据进行管理，为后期数据处理提供方便。点击首页【管理】按钮，进入【项目/群集】菜单，查看现有创建的项目，或添加新的项目（图 2.12）。在一个项目下，可以有多个群集，每个群集代表一次扫描，或称一个"站"。

2.2.3　数据多站拼接

数据多站拼接的本质是激光点云配准工作，可以借助 Faro 开发的 Scene 软件进行。

1. 数据导入

采集的项目数据保存在扫描仪的 SD 卡中。将 SD 卡使用读卡器连接到安装了 Scene 软件的电脑上，在软件界面中点击【导入项目】，定位到此次扫描项目路径，导入项目到软件中（图 2.13）。

图 2.12　项目/群集管理

图 2.13　数据存储与导入

2. 点云数据配准

进入软件的注册（registration）界面（图 2.14），可以使用"自动注册"或"手动注册"来对多站数据进行拼接。"自动注册"只需要按要求选择群集即可执行；"手动注册"在选择群集后，需要手动在该群集中标记一些共同的扫描特征点，然后执行注册。由于软件提供的自动注册工具已经具有较好的拼接效果，且"自动注册"也提供了目标选取与验证方法，因此其可以满足绝大多数的情况。

点击工具栏的【自动注册】按钮进入自动注册流程。选择一个群集（图 2.15），然后单击右上角的【选择方法】按钮，可用的注册方法包括基于顶视图、云到云、基于目标和组合注册。

对于含标靶/靶球的项目，可以使用"基于目标"的注册方法。软件提供了验证目标

15

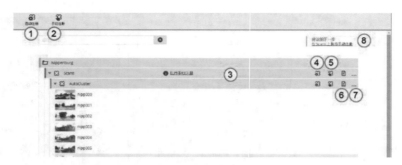

图 2.14　注册界面

图 2.15　选择群集

的选择，选中此复选框将显示一个列表，其中包含位于群集下应注册的扫描，并提供了标记工具，用以选择或删除各个目标（图 2.16）。

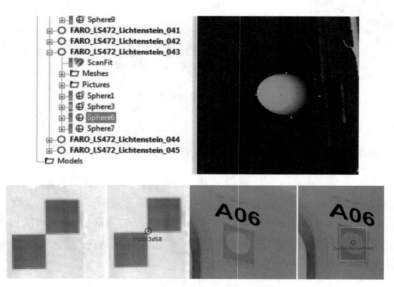

图 2.16　基于目标的注册

点击"注册并验证"按钮执行注册。注册完成后会显示三维视图，界面下方提供了不同的视角模式（图 2.17）。在该视图下可以检查注册是否成功。

图 2.17　注册完成与验证

3. 数据导出

最后对数据结果进行导出。使用软件的【导出】工具，选择导出的数据类型与路径，进行导出（图 2.18）。

图 2.18　数据结果导出

2.3　移动三维激光扫描获取 3D 数据示例

2.3.1　原理及常用设备

针对大规模场景的 3D 数据采集，固定式的地面三维激光扫描设备无法避免地存在效率低、劳动强度大等问题，且由于每站的位置是固定的，视角受到限制，可能导致一些狭窄区域缺少扫描。此外，多站之间的点云配准也是一项繁琐的工作，且容易引入误差。相对而言，移动三维激光扫描则更加高效且易于操作。

相较于固定式的三维激光扫描而言，移动三维激光扫描需要解决移动状态下的定位定姿问题，以便恢复各个时刻采集的点云数据的正确空间位置。因此，移动三维激光扫描除了三维激光扫描技术外，还需要集成定位定姿技术，如惯性导航、GNSS/IMU 组合导航、SLAM 等，然后应用于三维场景扫描和 3D 数据采集中（图 2.19）。

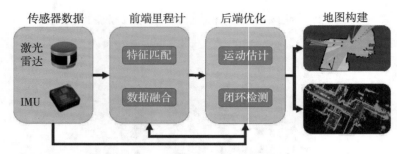

图 2.19　移动定位与三维激光扫描原理

常用移动三维激光扫描仪（图 2.20）如下：

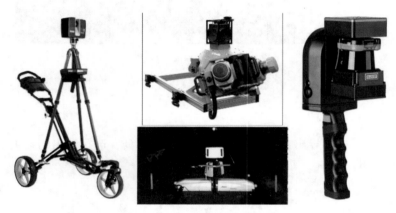

图 2.20　常用移动式扫描设备

1）Faro Focus Swift Mobile Scanner

在 Faro Focus 系列扫描仪的基础上配套手推车，移动扫描速率：100 万点/秒；静止扫描速率：高达 200 万点/秒；3D 精度：2~10mm；质量：17.5kg。

2）Trimble MX9

多视角相机：360°全景相机+2 个可调节的侧视相机+路面相机；扫描速率：最大 500 次/秒；最大扫描距离 420m；精密度 3mm；嵌入 Trimble GNSS 惯导系统；精度：位置 0.05 m，速度 0.005 m/s，滚转、俯仰角 0.015°，航向 0.02°。

3）Leica SiTrack

Leica SiTrack 是针对轨道隧道探测的移动扫描系统，其可获取精度 3~5mm 的隧道点云数据。配备无线触控平板电脑、Leica P40 激光扫描仪、推行把手、白色主机身（内含激光式里程计、高精度 IMU 惯导系统）、高精度轨道断面仪。

4）GeoSLAM ZEB Go

GeoSLAM ZEB Go 是一种手持的移动式三维激光扫描设备。扫描速率：43000 点/秒；视角：360°×270°；扫描距离：30m；扫描精度：1~3cm；配套网页端采集程序，实时查看扫描数据。

2.3.2 数据采集

本节以 GeoSLAM ZEB Go 为例，详细说明移动式三维激光扫描数据采集和生成流程。需要使用到的器材有手持激光扫描仪、数据连接线、背带式工控机与电池、手机（控制端）。具体流程如下：

1. 设备连接

将电池插入工控机侧边对应接口，将数据线两头分别连接扫描仪侧边接口和工控机顶部接口。长按工控机顶部电源按钮直到显示绿灯，表示已开启扫描仪（图 2.21）。

图 2.21　GeoSLAM 数据采集器材与连接

使用控制端手机搜索 Wi-fi，连接工控机热点"geoslam-rt"，确保手机分配到 IP 地址为"192.168.102.x"的网段下。使用手机浏览器访问"192.168.102.2"，出现 GeoSLAM 采集程序界面（图 2.22）。

图 2.22　Wi-fi 连接与采集程序界面

2. 开始扫描

点击界面下方"NEW SCAN"按钮，建立新的扫描工程，输入工程名称后，点击"确定"。采集界面显示静止提示框，将手持扫描仪平放在水平面上，保持静止，直到采集界面提示"Scan Started"。点击扫描仪侧边旋转按钮，开启激光雷达旋转，即可开始扫描（图 2.23）。

图 2.23 项目设置与开启旋转扫描

开始扫描后，手持扫描仪，尽可能以匀速移动，并控制扫描仪在水平方向和竖直方向上的位移（图 2.24）。在采集界面中可以实时预览扫描的点云（图 2.25）。

结束扫描时，尽可能将扫描仪静止地平放在扫描初始化时的位置，点击采集界面下方【STOP】按钮停止采集。之后扫描仪会自动进行全局优化，界面会显示"Performing Global Optimization"。优化完毕后，再次按下扫描仪侧边旋转按钮，使扫描仪停止旋转。

3. 扫描预览

扫描完毕后，可以对点云数据结果进行预览（图 2.26）。点击采集界面下方"文件夹"图标进入数据界面，找到该工程数据，点击"VIEWER"按钮对数据结果进行预览。

图 2.24 开始扫描与界面

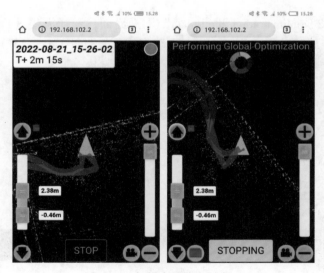

图 2.25 扫描中预览实时点云

2.3.3 数据生成

使用 GeoSLAM ZEB Go 完成数据采集后，需要在 PC 端进行数据生成，将 GeoSLAM 专用格式的点云转化成通用格式。

1. 数据下载

与数据采集中控制端手机连接操作相同，将 PC 连接到扫描仪的 Wi-fi。使用浏览器打

图 2.26　点云数据结果预览

开 "192.168.102.2/administration.html#data" 数据界面。选择需要进行数据生成的工程，下载 "geoslam" 格式的数据（图 2.27）。下载完成后，打开 GeoSLAM 配套的 "GeoSLAM Hub v5" 软件，将下载到本地的数据文件拖入该软件。

图 2.27　数据下载与导入

2. 数据导出设置

对数据生成进行设置，点击【EXPORT】按钮，选择数据输出类型，这里选择"Pointclouds"点云。分别选择"las"输出格式、"80%"抽稀数据、"Height"高程渲染、"Scan"为时间戳属性，点击【ADD】按钮添加设置。点击【CHOOSE FOLDER LOCATION】选择输出文件路径，点击【EXPORT】按钮输出（图2.28）。

图 2.28　数据生成设置

等待界面下方显示"Point cloud export complete"，则完成了数据的生成与输出。

3. 数据查看

可以使用专用的点云处理软件（如"Cloud Compare"）对输出的点云进行查看与后

续的操作（图 2.29）。

图 2.29　输出数据查看（截取房间点云）

2.4　手持结构光三维激光扫描获取 3D 数据示例

2.4.1　原理及常用设备

结构光三维激光扫描是一种利用激光和摄像机相结合的 3D 数据采集技术，它将激光束发射到物体表面，通过摄像机捕捉反射回来的光来构建三维模型，进而还原三维场景（图 2.30）。

结构光三维激光扫描仪一般基于激光干涉法或投影法，将一些特别设计的光图案（如平行条纹等）投射到目标表面后对照明场景成像，照明下的图像点可以各自用唯一的

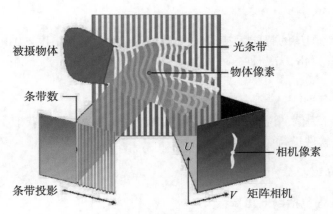

图 2.30 结构光扫描原理

码字标记，保存在图像数据中。由于投影端的码字是先验的，因此可以很容易地建立图像平面与投影平面之间的点对点对应关系，这些位置的三维信息可以通过三角测量来确定。

　　激光线在部件上的可见度是数据采集成功与否的关键因素。激光线的可见度受颜色和材料类型影响：反射率高的部件易产生镜面效应，导致难以读取部件上的激光线；黑色会吸收光线，也会因缺乏对比度而导致激光线难以读取。通过调整快门参数可抵消黑色、反射和透明物体的影响，完善的部件准备工作也会带来更好的扫描结果。

　　手持结构光三维激光扫描仪的常用设备如图 2.31 所示。

图 2.31 手持结构光三维激光扫描仪常用设备

1. Faro Freestyle 2 Handheld Scanner

扫描范围：0.4~10m；精度：0.5mm；扫描速率：45000 点/平方米；视场角：420mm×550mm。

2. Arte3D Leo

扫描精度：0.1mm；扫描范围：0.35~1.2m；视场角：244mm×142mm；扫描速率：3500 万点/秒。

25

3. 中观 ZGScan

中观 ZGScan 是国产的智能手持式激光 3D 扫描仪。最高精度：0.03mm；整机质量：0.83 kg；扫描速率：48 万次/秒；最大视场角：410mm×375mm。

2.4.2　数据采集

本节以 ZGScan 为例，说明手持结构光三维激光扫描 3D 数据获取流程。数据采集与生成使用 ZGSCan 软件进行。

1. 数据采集介绍

典型的工作流程包括以下几步：
（1）扫描准备：部件定位标点，扫描仪校准，参数配置。
（2）扫描：扫描部件，三维编辑。
（3）保存：保存项目工程，保存扫描数据。
扫描仪上有多功能按钮（图 2.32），主要包括以下功能：

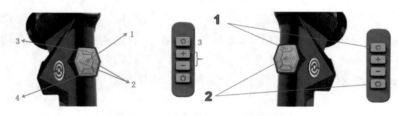

图 2.32　ZGScan 扫描仪的多功能按钮

（1）扫描按钮：单击为开始/暂停扫描，双击为多线与单线扫描切换。
（2）放大缩小按钮：放大视角或增加快门，缩小视角或减小快门。
（3）模式切换按钮：缩放或快门。
（4）扫描模式切换按钮：标准模式或大范围模式。

2. 设备连接

扫描仪配件包括 USB 钥匙、标志点、校准板、USB3.0 数据线和电源（图 2.33）。
将扫描仪进行系统连接（图 2.34）。连接 3D 接头，然后将电源电缆连入手持扫描仪；将二分线接头连接电源；连接电脑端的 3.0 USB 接口；启动 "ZGScan" 扫描程序。

3. 软件与设备初始化

在软件端进行产品的激活（图 2.35）。打开 ZGScan 软件，打开【设备管理】，点击【添加设备】，添加相应的 "校准文件" 和 "配置文件"。
扫描前需要对设备进行校准（图 2.36）。确保校准板附近没有标点或反射物，校准时手势速度要慢。校准时，中间瞄准框箭头与电脑屏幕要横平竖直，当前扫描仪位置姿态要

图 2.33 ZGScan 扫描仪配件

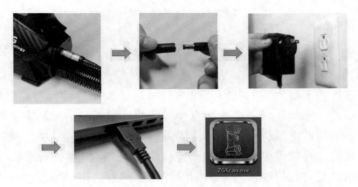

图 2.34 系统连接

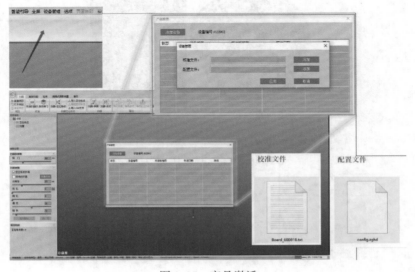

图 2.35 产品激活

与相应的位置指示条对准（中间箭头对准墨绿色箭头，三个红色指示线分别对准三个绿色指示条）。共有 24 个规定位姿，当前位姿对准后，会自动跳至下一个规定位姿，当所有 24 个位姿对准后，校准完成。应用本次标定结果，覆盖以前的扫描仪配置文件。

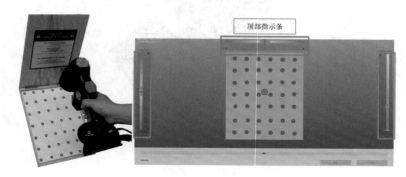

图 2.36　扫描仪校准

4. 开始扫描

对扫描物件进行基于标点的扫描（图 2.37）。对于大型物件，可以在物件表面标点，标点要布满整个物件，平坦区域需要的标点少，弯曲区域需要的标点多；对于小型物件或无法直接将标点置于物件上时，可以在物件周围应用标点。在软件中，选择定位标点的类型。准备工作完成后，在软件中点击【扫描定位标点】，将扫描仪对准物件，按下扫描仪上的开关键，开始采集。扫描时，通常从中间往两边扫描，这样可以减少拼接误差。上下

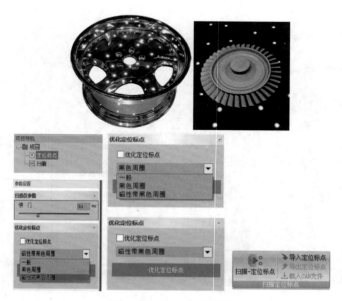

图 2.37　物件标点扫描

左右平移扫描，扫描速度要把控好，不能过快。扫描完成后，再次点击【扫描定位标点】执行定位标点计算，然后导出扫描的定位标点数据。对于大型物件，无法一次性扫描的，可以使用"导入定位标点"功能，将扫描保存的定位标点数据导入本次扫描。

对扫描物件直接进行扫描（图 2.38）。软件提供了【智能引导】模块，可选择"默认""高反光""黑色"等不同物体扫描的参数。根据需求选择扫描模式。

（1）扫描表面：扫描仪采集表面并输出为网格或点云。

（2）扫描点云：扫描仪采集点云并输出点云。

（3）重置任务：重置当前项目。

图 2.38　物件扫描模式

设置扫描的各项参数（图 2.39）。分辨率一般设置在 0.2~2mm；快门可以使用数字键盘设置数值，或在扫描仪上用按钮调节，一般设置在 0.4~8ms；表面优化参数，默认即可。

点击【扫描】后按下扫描仪开关键开始采集。扫描时，扫描仪尽量与被扫描表面垂直，可以倾斜扫描但倾斜角度不宜过大。若扫描仪距离待扫物件太近或太远，将无法采集数据或者扫描数据较差。扫描仪上部的 LED 灯也可以指示距离（图 2.40）。确保两个相机同时至少识别 4 个标志点。

5. 扫描后数据处理与保存

扫描完成后，把实时扫描数据进行计算机解算，最终生成完整的扫描数据。再次点击【扫描】或按下空格键执行扫描后处理（图 2.41）。

29

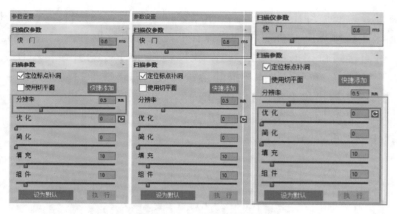

图 2.39　扫描参数设置

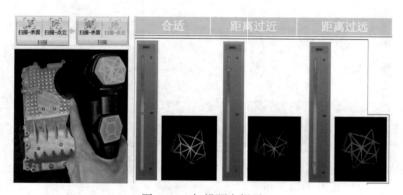

图 2.40　扫描距离提示

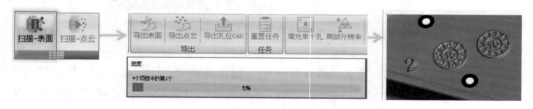

图 2.41　扫描后处理

对项目进行保存，输出扫描文件。对于点云，可以选择"txt""asc"格式，对于表面，可以选择"obj""stl""ply"格式。

6. 数据编辑

对扫描物件采集三维模型后，可以对其进行三维编辑（图 2.42）。单击【三维编辑】进入编辑模式，根据需要选择矩形、多边形工具、有界组件框选模式。按住 Ctrl 键和鼠标左键，移动鼠标进行编辑。

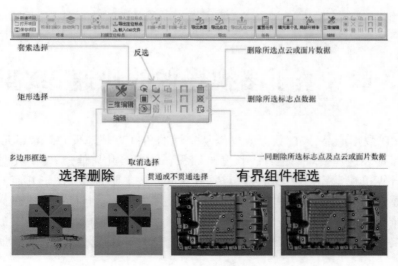

图 2.42　三维编辑

　　除三维编辑外，还可以对数据本身进行编辑，包括孔洞填补和局部分辨率调整（图 2.43）。在【编辑】模块中，点击【填充单个孔】，鼠标靠近孔洞处，点击鼠标左键，即可根据周围曲率将孔洞补充完整；点击【局部分辨率】，按住 Ctrl 键和鼠标左键，在需要改变分辨率处框选，设置相应的分辨率。

图 2.43　数据编辑

2.5　本章小结

　　本章围绕基于激光和结构光获取 3D 数据技术展开，介绍了点云形式的 3D 数据表达方法和基于这类技术的数据采集常用设备。分别就地面三维激光扫描、移动三维激光扫描和手持结构光扫描三种 3D 数据获取技术，详细阐述了技术原理，列举了常用设备，并通过实例展示了利用激光和结构光技术进行数据采集和生产的流程。

第 3 章　基于多视影像的快速 3D 重建

不同于 2D 数据产品，3D 数据既可以从定性的角度直观地反映对象的形状纹理等样貌；亦可定量地表达建模对象位置、长度与面积、体积等几何信息。3D 数据获取一直是摄影测量与计算机视觉等领域的研究热点，其获取方法主要为基于图形几何的三维建模与基于实景传感器的三维重建两种方式。几何建模技术发展较早且已趋于成熟，可以得到非常精确的三维模型，并已广泛应用于诸多领域。然而，这种建模技术的人工工作量大、周期长、操作复杂，对于许多不规则的自然或人造物体，其建模效果与真实场景相比，仍存在较大差异。

基于实景传感器的三维模型可以更加真实、全面、客观地表达目标对象的样貌与属性。基于实景传感器的三维模型重建方法主要对应利用数码相机、立体相机或全景相机进行多视图立体重构的方式，以及利用地面或机载激光扫描仪的基于距离测量直接三维重构的方式。激光扫描仪可以通过发射并接收激光等方式以三维点云产品格式直接生成目标对象的三维结构，但是对应的三维产品数据量大且缺少纹理信息，往往需要结合光学影像，以配准的方式来重现真实场景。此外，精密激光扫描仪设备造价昂贵，对非专业的普通用户并不友好。

基于多视图立体匹配的三维重建在很多领域中如影视、动漫、游戏、文物保护等行业中发挥着重要作用，这种 3D 数据获取方式是利用多传感器从不同的角度对目标场景进行影像采集，逐步通过相应的算法恢复场景中物体的三维结构并生成三维实景模型或其他地图产品。通过该方法建立的三维模型简单方便，大大提高了效率。另外，该技术能够给出对应物体的颜色信息，从而使模型更加生动形象。因此，该方式不仅是计算机视觉与摄影测量等科研领域的研究热门，同样也适合于大众级非专业用户的 3D 数据生成应用。

3.1　基于多视影像的 3D 数据生成原理

随着各行各业对三维重建的需求日益增多，三维重建的发展又达到了新阶段。目前，基于多视影像 3D 获取的基本思路如图 3.1 所示。首先，从未标定的图像或图像序列中检测特征点，进行特征点匹配，利用多视图几何约束关系，计算出场景的几何结构和摄像机的运动参数，重建场景的三维结构模型。

多视影像数据获取过程可分为稀疏场景重建和稠密场景重建两大部分。稀疏场景重建包含特征点检测、特征点匹配、基于运动恢复结构（Structure from Motion，SfM）的场景几何结构建图等过程。SfM 是输入一组连续的二维图像，求解对应相机运动参数及几何结构。SfM 是一个迭代计算的过程，通过多张连续的多视角图像进行匹配生成稀疏点云，生

图 3.1 基于多视影像的 3D 数据生成流程

成稀疏点云后进行光束法平差（Bundle Adjustment，BA），消除特征点间的错误匹配。SfM重构大致分为三类：增量式重构、全局式重构、混合式重构。目前多视影像 3D 数据生成软件多以增量式重构作为稀疏场景构建的框架。

稠密场景重建主要包括基于多视密集立体（Multiple View Stereo，MVS）的点云重建、点云网格生成与纹理映射等步骤。MVS 利用 SfM 解算的相机内外参数与稀疏点云进行稠密重建，恢复参与重建的所有图像中每个像素在世界坐标系中的三维位置。在稠密点云重建中，深度图的计算尤为重要，其发展之初的计算方法主要是通过计算几何参数以求得图像深度信息，较为前沿的研究是利用深度网络模型脱离传统的几何计算，直接通过向模型中输入多视角图像即可输出深度图结果。点云网格生成借助泊松重建技术生成三维连续的表面模型，该方法将表面重建视为空间泊松问题，针对点云的隐式曲面拟合方法估计点云模型表面，然后将对应等值面提取出来进行点云表面重建。纹理映射是 3D 数据生成的最后一步，根据影像位置与视角向表面模型中的每个三角面元映射最优纹理贴图，经过光照辐射等处理后生成最终的 3D 产品。

3.1.1 多视影像空三对齐技术

目前，主流多视影像空三对齐技术的主要步骤包括特征提取与描述、特征匹配与空中三角测量等，通过 SfM 技术生成稀疏点云。

1. 图像特征检测提取及匹配

图像特征匹配旨在找到两个或多个重叠图像之间的准确对应关系，其中特征指图像中例如角、点和线段等不同结构。点特征形式简单且易于提取，是目前最受欢迎的特征形式。完整的特征匹配流程依次为特征检测和描述、特征匹配和异常值去除。

特征检测和描述的目的是提取在其他重叠图像中容易重复的不同关键点，并计算易于与重叠图像的特征匹配的描述符。特征检测和描述的方法包括传统的人工定义和深度学习的技术。在传统算法中，尺度不变特征变换算子（Scale Invariant Feature Transform，SIFT）是最为著名的算法，它不受旋转、尺度、视点变化和光照的影响，随后的许多算子是在 SIFT 算子上进行的改进与优化。与人工定义的特征相比，近年来基于深度学习的局部特征得到了快速发展。通常，基于学习的特征是从使用卷积神经网络（Convolutional Neural Network，CNN）模型生成的特征图中提取的。与直接在图像上执行的精心设计的手工方法不同，CNN 模型首先使用训练样本进行训练，并且能够借助学习参数预测局部特征。

特征匹配通过特征描述符建立起每组影像对的双视图几何关系，是后续光束法平差（Bundle Adjustment，BA）优化的先决条件。这一过程消耗的时间成本最大。为了提高效率，使用基于近似最近邻（Approximate Nearest Neighbor，ANN）的搜索和基于 GPU 的硬件加速技术来实现高维特征描述符的高效最近邻搜索。

初始匹配仅使用特征点周围的局部外观来计算特征描述符，降低了特征描述符的独特性，同时匹配通过搜索两个描述符集之间欧氏距离的最小最近邻进行，其性能受遮挡和重复模式的影响。异常值去除在基于局部特征的图像匹配过程中起着至关重要的作用，现有的方法可以分为三种，即参数、非参数和基于深度学习的方法。

2. 空中三角测量（Aerial Triangulation，AT）

空中三角测量是 3D 数据生成的一个非常重要的组成部分，其目的是恢复相机的位置（影像外参）和场景结构，并估计相机镜头的几何和畸变参数（影像内参）。在传统摄影测量领域，良好的相机内外参数初值是传统 AT 处理得以准确解算的先决条件，但目前的多视影像 3D 数据生成工具多借助 SfM 等计算机视觉领域的成熟技术，在没有初值的情况下，得到自由坐标系下良好的解算结果。此外，SfM 可以适应有序和无序的数据采集情况，非常适合非专业用户 3D 数据生成的需求。

根据估计摄像机初始位置的方式，现有的 SfM 方法分为三种，即增量式 SfM、全局式 SfM 和混合式 SfM。增量式 SfM 首先选择两张匹配点分布良好，且交会角相对较大的图像作为种子点并进行重建。其余图像被反复添加以逐步重建场景。为了实现稳健的重建，在每次添加一个或几个图像后，都会执行迭代的局部和全局 BA。全局式 SfM 首先建立一个场景图，其顶点和边分别代表图像和它们的相对位置。然后，通过旋转和平移的平均值来计算摄像机的位置，最后通过只执行一次 BA 来完善这些位置。混合式 SfM 结合前两种策略，以提高重建的稳健性、效率和准确性。利用全局式的旋转均值同时估计所有图像的相机旋转；然后以增量式的方式逐步计算相机平移。增量式 SfM 以其高精度与对异常值鲁棒性的优点得到了广泛使用。对于局部和全局 BA 来说，实际上是一个解决最小化重投影误差平方和的问题，即计算使所有观测像点与理想像点之间欧氏距离达到最小平方和的投影矩阵及物点坐标。

3. 相机标定

三维重建的过程即为相机成像的逆过程，首先恢复图像坐标系中点的深度信息，将其还原成世界坐标系中的点。然后在还原的过程中要确定内参矩阵以及外参矩阵。实现三维重建，至少需要两个角度并且已知其相机内外参数的影像，而相机的标定过程就是求取相机内外参矩阵的过程，它的目的是建立成像面上的二维投影点与其对应的被拍摄场景在某一特定参照系中的三维坐标之间的二维三维对应关系，并恢复出相机的内参和外参。

3.1.2 密集匹配技术

密集匹配是实现自动三维数据生成的一个重要步骤，其目的是在空中三角测量方法进行影像定位与稀疏建图的基础上，从二维定向图像中生成物体空间三维几何信息，即密集点云。使用 MVS 技术对空间物体的三维几何信息进行重建，对照片中每个像素点进行匹配，几乎重建每个像素点的三维坐标得到密集点云。相比稀疏点云，密集点云可以完整还原三维实景的真实结构，并通过表面重建与纹理映射进一步构建精细的三维模型。

传统方法已发展得相对成熟，如基于双目立体的策略与基于多视立体的匹配策略。双目密集匹配一般以经过核线校正的影像对作为数据源，以其中一幅作为基准，另一幅作为匹配影像，核心在于计算两幅影像的水平视差。立体对应的过程通常分为四个步骤：代价计算、代价聚合、最优化处理，以及视差精化。代价计算用来衡量对应像素间的相似性测度，代价越小则匹配正确的概率越大。代价聚合则是给定当前匹配像素在一定邻域窗口下的代价聚合值。最优化处理是密集匹配计算的关键一步，其策略可概括为全局算法、局部算法与半全局代价聚合法。视差精化是在视差计算得到整像素单位视差值基础上，进一步将精度精化至子像素级别。半全局匹配（Semi-Global Matching，SGM）算法是基于半全局策略的立体匹配方法，在多种场景重建中均取得了可靠的匹配效果，目前流行的摄影测量工具，如 Agisoft Metashape 软件中的密集重建步骤算法亦是基于改进的 SGM 策略。多视对应使用多幅影像形成多余观测处理遮挡与噪声等情况，使点云重构更加准确。大致分为体素法、深度图法、网格表面优化法与种子点或种子面元增长法等方法。基于体素的方法与基于多深度图的方法最为常见。体素法为待重建的场景计算初始包围盒，再将之细化为场景中的多个体素，通过体素重投影至不同影像，分析其是否在模型内部、外部以及表面。从而过滤异常值。基于多深度图的策略可以看作多个双目立体匹配的结合，通过双目匹配获得一组深度图；保持其中一幅为参考影像，通过更换源影像，不断精确深度图推理结果，获得场景所有参考影像的深度图；最后以深度图融合的方式重构三维密集点云。网格表面优化法在通过代价函数构建初始外壳模型的基础上，不断迭代计算，以代价函数最小值获取最优表面。种子点或种子面元区域增长法首先选取影像中部分匹配点，通过前方交会构建稀疏点云作为种子；以种子作为起始，逐渐膨胀区域，最终恢复完整区域。

基于深度学习的方法在最近几年逐渐兴起，根据输入网络的类型同样可大致分为双目立体与多目立体两种策略。双目立体网络使用孪生神经网络架构对立体图像对执行密集匹配。这些网络尝试改进传统立体匹配过程的一个或几个步骤，例如代价计算和聚合，视差回归和改进；另外，这些方法尝试以输入图像对并输出视差图的端到端的方式执行匹配。

多视立体网络以多视图输入来预测深度。早期的研究实现了基于 CNN 的端到端学习网络，但存在内存消耗大的问题，难以处理大数据集。后续的研究通过不断优化，降学习成本从三维空间降至二维空间，使网络逐渐可以处理更大体量的数据。

3.1.3　格网重建技术

泊松重建是常用的表面重建算法，算法以带有法向量属性的离散点云数据作为输入，并输出表面连续的三角网格模型。其流程主要包括构建八叉树、函数空间设置、创建向量场、求解泊松方程以及提取等值面。构建八叉树采用根据点云的密度调整网格深度的自适应的空间网格划分的方法，以采样点集的位置定义八叉树，然后细分八叉树使每个采样点都落在固定深度的叶节点。函数空间设置对八叉树的每个节点设置空间函数、所有节点函数的线性和表示向量场。创建向量场假设划分的块是常量，采用三次条样插值的方式通过向量场逼近指示函数的梯度。泊松方程的求解采用拉普拉斯矩阵迭代，最后估计采样点的位置，用其平均值进行等值面提取并完成表面几何拓扑。这种方式可以同时兼具全局拟合表面及局部拟合表面的优点。

3.1.4　纹理映射技术

纹理映射是将二维图像上的纹理像素映射至三维物方空间模型表面的过程，关键在于构建纹理空间、影像空间和物方空间三者之间的对应关系。经过多年的发展，纹理映射已形成正向纹理映射、反向纹理映射、两步法纹理映射和环境纹理映射等成熟的方法。正向纹理映射与反向纹理映射对应纹理空间与屏幕空间之间的映射顺序。正向纹理映射又称纹理扫描方法，指由纹理空间到屏幕空间的一种映射。反向纹理映射则建立物方空间到纹理空间的映射函数，将三维物体表面点映射至纹理空间，再将纹理坐标转换为图像坐标获取对应的像素点，进而利用该点颜色值等属性信息实现纹理贴图。两步纹理映射法通过引入一个简单的中间曲面，先将纹理空间点映射至该中间曲面，再将中间曲面点映射至物方空间，进而获取纹理空间与物方空间的映射关系。环境纹理映射又称反射映射，其主要思路是定义一个能将物方环境完全包含在内的中介曲面，然后将环境完全映射至中介曲面的表面。其中，反向纹理映射的应用最为广泛。

3.2　多视影像 3D 数据生成软件

3.2.1　常用软件

随着三维建模理论的日趋成熟三维重建技术不断发展，出现了许多优秀的建模技术与软件，一些软件经过长期的发展与优化，已成为适合专业与非专业用户使用的商业软件。常见的商业软件如表 3.1 所示。

表 3.1   **多视影像 3D 数据生成商业软件**

国产软件	国外软件
天际航 DP-Smart 大势智慧重建大师 大疆智图	Agisoft Metashape Bentley ContextCapture Pix4Dmapper Photomodeler RealityCapture

    一些研究者针对多视影像 3D 数据生成的某些关键过程或全过程进行算法开发,并发布了开源使用的三维重建工具。经过不断改进,这些开源工具同样展现了相当优异的 3D 数据生成潜力,常见的开源工具及对应重建功能描述如表 3.2 所示。

表 3.2   **多视影像 3D 数据生成开源工具**

工具名称	开源地址	功能描述
Meshroom	https://github.com/alicevision/meshroom	三维重建
OpenMVG	https://github.com/openMVG/openMVG	三维重建
COLMAP	https://colmap.github.io/index.html	三维重建
MicMac	https://micmac.ensg.eu/index.php/Accueil	三维重建
VisualSFM	http://ccwu.me/vsfm/	稀疏重建
OpenSfM	https://github.com/mapillary/OpenSfM	稀疏重建
OpenMVS	https://github.com/cdcseacave/openMVS	密集重建
Mvs Texturing	https://github.com/nmoehrle/mvs-texturing	纹理映射

    复杂场景或对象的多视 3D 数据生成后可能会存在细节缺陷,针对 3D 数据的后处理软件为用户提供了模型修补编辑的功能或接口,通过智能化的操作可提升 3D 数据完整性与准确性,目前常用的多视 3D 数据生成后处理软件如表 3.3 所示。

表 3.3   **多视影像 3D 数据生成后处理软件**

国产软件	国外软件
天际航 DP-Modeler 大势智慧模方 SVSModeler	3ds Max Geomagic Studio

3.2.2　Agisoft Metashape Pro（Photoscan）基本功能介绍

1. 软件简介

Agisoft Metashape 是一款可以用于地理信息产品、文化遗产数字化和视觉效果制作等应用，对数字图像进行摄影测量处理并生成 3D 空间数据的软件产品。Agisoft Metashape 软件可将来自 RGB 或多光谱相机（包括多相机系统）的图像处理成密集点云、有纹理的多边形模型、具有地理参考的真实正射地图和 DSM/DTM 等形式的高精度空间信息产品。软件同样支持消除模型中的阴影和纹理伪影，计算植被指数并提取农业设备动作图的信息，自动对密集点云进行分类等建模后处理功能。

Metashape 允许在非常快速的建模处理生成高质量的建模成果，可为航空摄影和近景摄影分别提供高达 3cm 分辨率与 1mm 分辨率的 3D 数据。此外，软件支持本地与分布式处理结合的方式，能够在本地集群中处理 50000 多张照片。此外，Metashape 无需设置初始值，无须相机检校，它根据最新的多视图三维重建技术，可对任意照片进行处理，无需控制点，而通过控制点则可以生成真实坐标的三维模型。照片的拍摄位置是任意的，无论是航摄照片还是高分辨率数码相机拍摄的影像都可以使用。整个工作流程无论是影像定向还是三维模型重建过程都是完全自动化的。软件具有的基于项目的线性工作流程，是完全自动化的工作流程，即使非专业人员也可以在一台电脑上处理成百上千张航空影像，生成专业级别的摄影测量数据。而专业摄影测量师可以受益于立体模式等高级功能并完全控制结果的准确性。

2. 软件界面简介

Agisoft Metashape Pro 的界面（图 3.2）主要分为四部分，分别为菜单栏、工具栏、工作区、模型显示区和照片显示区。本章内容使用 Agisoft Metashape Professional 1.5.2.7838 版本，与其他版本可能存在细微差异。

1）菜单栏与工具栏

菜单栏包括文件菜单、编辑菜单、视图菜单、工作流程菜单、模型菜单、图片菜单、正射菜单、工具菜单、帮助菜单等。工具栏提供与模型设置与可视化相关的指令，包括一般命令、3D 视图命令、3D 视图设置、照片视图命令、正交视图命令等（图 3.3）。

2）工作区

工作区用于显示当前项目的所有元素（图 3.4）。这些元素包括项目中块的列表、每个组块中的相机和相机组列表、每个块中的标记和标记组列表、每个块中的比例尺和比例尺组列表、每个块中的形状图层列表，连接点，深度图，密集点云，三维模型，平铺模型，数字高程模型等。工作区工具栏上的按钮允许：添加块、添加照片、添加标记、创建比例尺、启用或禁用某些摄像机或组块，以便在后续阶段进行处理。

3）模型显示区

模型视图选项卡用于显示三维数据以及网格和点云编辑。模型视图取决于当前处理阶段，也由 Metashape 工具栏上的模式选择按钮控制。模型可以显示为稀疏点云与密集点云

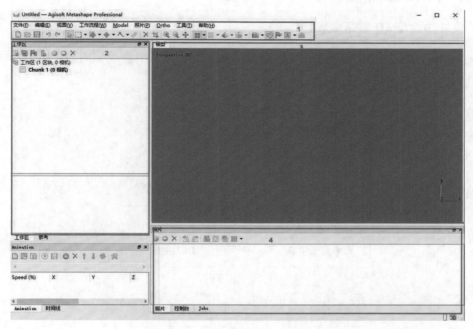

图 3.2　Metashape 主界面

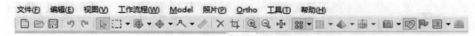

图 3.3　Metashape 菜单栏与工具栏

图 3.4　Metashape 工作区

（分类或未分类），或以着色、实体、线框或纹理模式显示为网格。与模型一起，可以显示照片对齐的结果。其中包括连接点云和摄像机位置可视化数据。此外，可以在模型视图中显示和导航平铺纹理模型。在导航模式下，Metashape 支持的三维视图中导航的工具包括旋转工具、平移工具与缩放工具。

4）照片显示区

照片显示区可以以缩略图的形式显示活动组块中的照片/蒙版/深度贴图。位于"照片"窗口工具栏上的按钮可以：启用或者禁用某些相机、删除相机、顺时针或者逆时针旋转所选照片、重置当前照片、在图像/蒙版/深度图缩略图之间切换、增加或者减少图标大小、显示照片的详细信息。

3. 软件功能与 3D 数据生成整体流程

Metashape 完整的 3D 数据生成流程图如图 3.5 所示，其中虚线框内表示可以选择的产品类型。

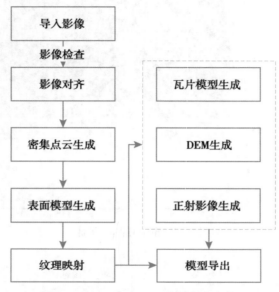

图 3.5　Metashape 3D 数据生成流程

通常，使用 Metashape 进行照片处理的最终目标是构建 3D 表面、正射地图和 DEM。其处理程序包括四个主要阶段。

（1）影像对齐：这一步主要进行相机的标定以及稀疏重建，在这个阶段，Metashape 搜索照片上的公共点并匹配它们，以及它为每张照片找到相机的位置并改进相机校准参数。最终得到模型的稀疏点云，此时可以大体上看到重建模型的样貌。

（2）密集点云生成：由 Metashape 根据估计的摄像机位置和图片本身构建。密集点云可以在导出或进入下一阶段之前进行编辑和分类。

（3）表面模型生成：包括 3D 多边形网格模型与 DEM 模型。3D 多边形网格模型基于密集或稀疏点云表示对象表面，这种类型的表面表示并不总是必需的，因此用户可以选择跳过网格模型生成步骤。数字高程模型（DEM）可根据用户的选择在 Geografic、Planar 或 Cylindrical 投影中构建。如果密集点云已经在前一阶段进行了分类，可以使用特定的点类来进行 DEM 生成。

（4）纹理映射：在重建表面之后，可以对其进行纹理化（仅与网格模型相关）或者可以生成正射影像。将正射影像视角投射在用户选择的表面上（DEM 或网格模型）。

具体为基于"工作流程"菜单栏进行三维重建操作，依次执行"对齐照片""密集点云生成""网格生成""纹理生成"操作。

3.3　影像获取

1. 拍摄设备

（1）使用具有 500 万或更高像素的数码相机。

（2）最好选择 50mm 焦距镜头，建议使用 20~80mm 焦距范围的镜头。避免使用超宽角或鱼眼镜头，如果使用鱼眼镜头捕获数据集，则应在处理之前在相机检校对话框中选择对应的相机传感器类型。

（3）拍摄首选固定镜头，如果使用变焦镜头，焦距应在整个拍摄过程中设置为最大值或最小值，以获得更稳定的结果，对于其他焦距，应使用单独的相机校准组。

2. 相机设置

（1）最好使用 TIFF 文件的 RAW 数据，JPG 压缩可能会带来噪声。

（2）以尽可能大的分辨率拍摄图像。

（3）ISO 应设置为最低值。

（4）光圈值应足够高以产生足够的焦深，照片倾斜度十分重要。

（5）快门速度不应太慢，避免成像时产生运动模糊。

3. 场景要求

（1）避免没有纹理、发光、高反光或透明的物体；如果仍然需要，尽量在多云的天气下拍摄发光物体。

（2）避免不需要的前景。

（3）避免在要重建的场景中移动物体。

（4）避免绝对平坦的物体或场景。

4. 拍摄要求

（1）照片数量尽量多，对场景的覆盖尽量全。

（2）Metashape 只能重建至少两个摄像头可见的几何形状，尽量减少"视觉盲区"的数量；在航空摄影的情况下，重叠要求应满足 60% 的旁向重叠及 80% 的航向重叠。

（3）每张照片应有效地使用框架尺寸，目标物体应占据最大面积。

（4）需要良好的照明才能获得更好的结果质量，但应避免使用闪光灯。

（5）如果计划根据重建模型进行测量，应在对象上布设两个已知距离的标志点。

（6）如果是航空摄影并要求完成地理配准任务，则需要布设均匀分布地面控制点（GCP）。适当的场景拍摄建议如图 3.6 所示。

5. 影响重建质量的可能拍摄因素

1）照片修改

Metashape 只能处理未经修改的照片，手动裁剪或几何扭曲的照片可能会失败或产生

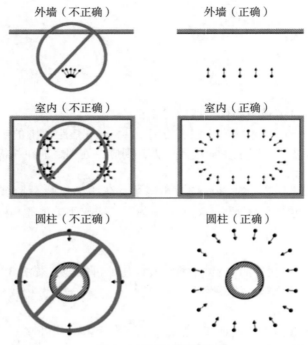

图 3.6　场景拍摄建议

高度不准确的结果。

2）缺少 EXIF 数据

Metashape 根据 EXIF 数据计算传感器像素大小和焦距参数的初始值。参数值的初始近似值越好，相机自动校准就越准确。因此，可靠的 EXIF 数据对于准确的重建结果很重要。然而，在没有 EXIF 数据的情况下也可以重建 3D 场景。在这种情况下，Metashape 假定相机为 50mm 等效焦距，并尝试根据该假设对齐照片。如果正确的焦距值与 50mm 有很大差异，对齐则可能会给出错误的结果甚至失败。这种情况下，需要手动指定初始相机校准。

3）镜头畸变

镜头的畸变应该用软件中的相机模型得到很好的模拟。在 Metashape 中实现的失真模型适用于框架相机。然而，上述畸变模型无法很好地模拟鱼眼/超广角镜头，当数据来源于这两种镜头时，则有可能得到不准确的建模结果。

3.4　利用手机影像 3D 数据生成示例

以手机拍摄的近景影像为例，运用 Metashape 生成 3D 数据具体步骤如下。

1. 创建工程，添加照片

右键选择工作区→左键选择添加堆块，默认创建堆块的版本可忽略；
右键选择堆块 1→左键选择添加→左键选择添加照片（图 3.7）。

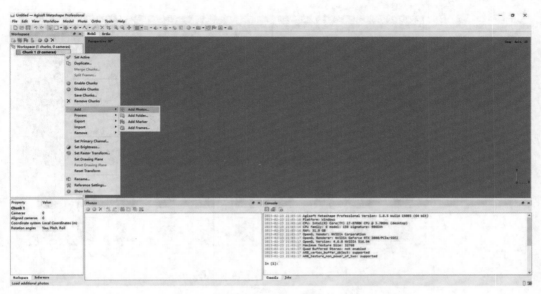

图 3.7　添加照片

　　在弹出的对话框中，选中所有进行重建的影像，左键选择打开。后续若要继续添加照片，重复上述添加照片操作即可（图 3.8）。

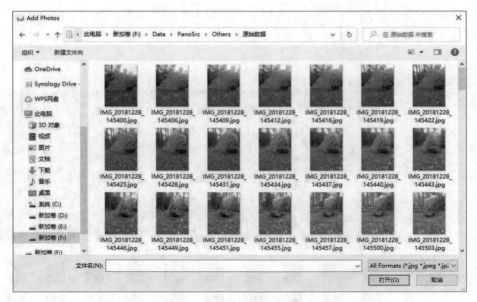

图 3.8　添加照片对话框

　　手机拍摄影像成果导入后，影像监视器中会自动可视化导入工程的影像缩略图（图 3.9）。

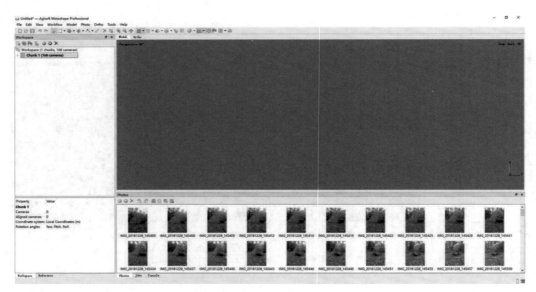

图 3.9　无人机影像导入视图

在菜单栏中，左键选择文件→左键选择保存，在对话框中选择项目存储路径，并以工程名称命名，点击【确定】。

2. 影像对齐

照片添加完成后可以对齐照片，右键选择堆块 1→左键选择处理→左键选择对齐相机（图 3.10）。

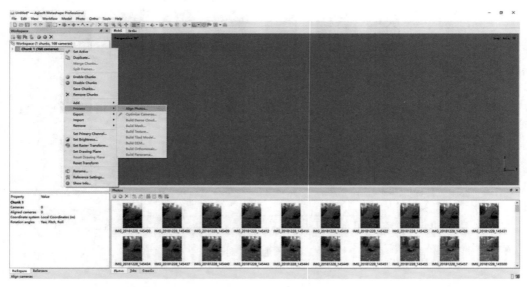

图 3.10　对齐相机

在弹出的对话框中，设置对齐参数（图 3.11），左键选择确定。

Align Photos

▼ General

Accuracy: High

☐ Generic preselection

☐ Reference preselection   Source

☐ Reset current alignment

▼ Advanced

Key point limit: 20,000

Tie point limit: 5,000

Apply masks to: None

☑ Exclude stationary tie points

☐ Guided image matching

☐ Adaptive camera model fitting

OK   Cancel

图 3.11   对齐相机参数

- 计算机性能允许条件下，精度选择高，否则选中。
- 影像数量不多时，取消勾选通用预选。
- 不推荐勾选引导图像匹配与自适应相机模型拟合。

相机对齐进程结束后，可在模型视窗查看浏览稀疏重建结果（图 3.12），工具栏中切换选择显示相机可查看相机位姿，工具栏中切换选择点云可查看稀疏点云。

图 3.12   稀疏重建结果

3. 优化对齐方式

此步骤在不进行控制点布设条件下可选择跳过；若执行则右键选择堆块 1→左键选择

45

处理→左键选择优化相机对齐（图 3.13）。

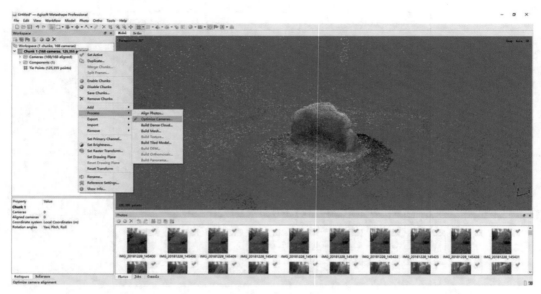

图 3.13　优化相机对齐

在弹出的优化相机对齐对话框中，根据采用的相机畸变模型勾选对应畸变参数（图 3.14），然后左键选择【OK】按钮。

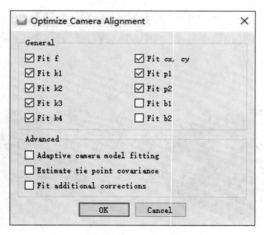

图 3.14　优化相机对齐参数

4. 设置重建区域

在工具栏中，左键切换导航状态至重设范围（图 3.15）。

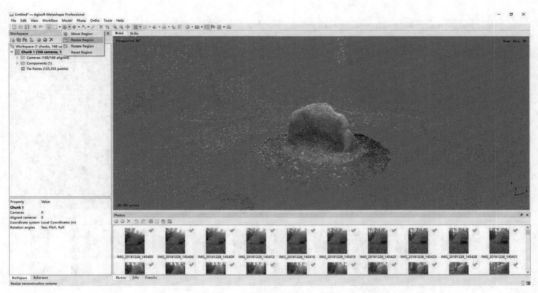

图 3.15 调整重建范围

在模型视窗中调整重建范围立方体边界, 调整完成后切换重设范围至导航状态 (图 3.16)。

图 3.16 调整重建范围结果

5. 建立密集点云

在工作区中, 右键选择堆块 1→左键选择处理→左键选择生成密集点云 (图 3.17)。
在弹出的生成密集点云对话框中, 设置重建参数 (图 3.18), 左键选择【OK】按钮。

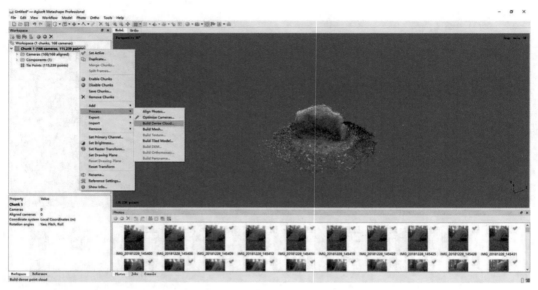

图 3.17　生成密集点云

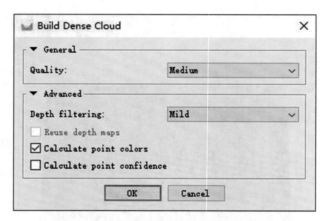

图 3.18　生成密集点云参数

- 计算机性能允许的条件下，精度选高；否则选中；
- 深度过滤方式：温和的；
- 勾选：计算顶点颜色。

生成密集点云进程结束后，可在模型视窗查看浏览密集点云重建结果，工具栏中切换选择密集点云可查看稀疏点云（图 3.19）。

6. 生成网格

在工作区中，右键选择堆块 1→左键选择处理→左键选择生成网格（图 3.20）。

图 3.19　密集点云

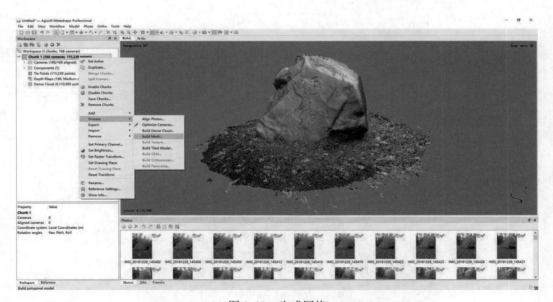

图 3.20　生成网格

在弹出的【Build Mesh】对话框中，设置网格重建参数（图 3.21），单击【OK】按钮。

- 计算机性能允许的条件下，质量选高；否则选中；
- 源数据：密集点云；
- 表面类型：任意的（3D）；
- 插值：启用（默认）；
- 勾选：计算顶点颜色。

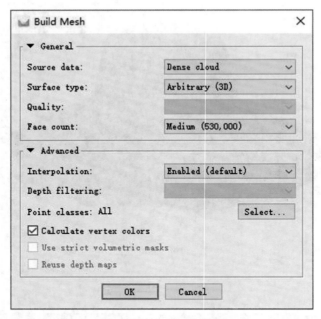

图 3.21　生成网格参数

　　生成网格进程结束后，可在模型视窗查看浏览网格重建结果，工具栏中切换选择模型着色、模型实体与模型线框可查看不同可视化模式下的三维网格结果（图 3.22）。

图 3.22　网格模型

7. 生成纹理

在工作区中，右键选择堆块 1→左键选择处理→左键选择生成纹理（图 3.23）。

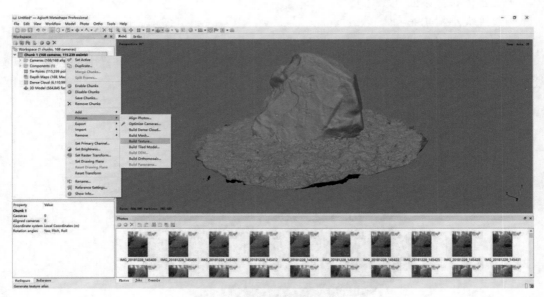

图 3.23 生成纹理

在弹出的生成纹理对话框中，设置纹理映射参数（图 3.24），左键单击【OK】按钮。

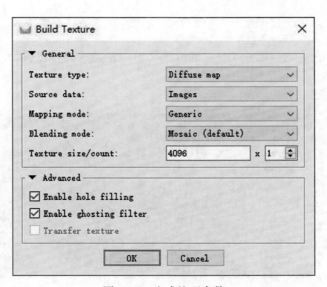

图 3.24 生成纹理参数

- 纹理类型：散射地图；
- 源数据：影像；
- 映射模式：通用；

- 混合模式：镶嵌（默认）；
- 纹理大小：4096；
- 勾选：启用空洞填充+启用重影过滤。

生成纹理进程结束后，可在模型视窗查看浏览网格重建结果，工具栏中切换选择模型纹理可查看的三维模型最终结果（图 3.25）。

图 3.25　纹理映射模型

8. 导出模型

在工作区中，右键选择堆块 1→左键选择导出→左键选择导出模型（图 3.26）。

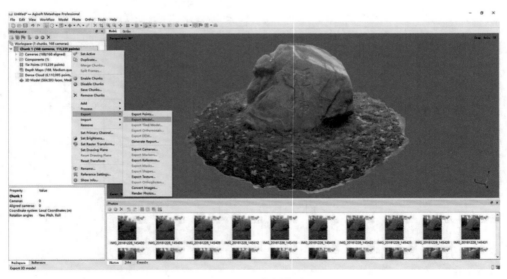

图 3.26　导出模型

在弹出的【另存为】对话框中，命名导出的模型，选择模型格式【Wavefront OBJ（*.obj）】，左键选择【确定】（图 3.27）。

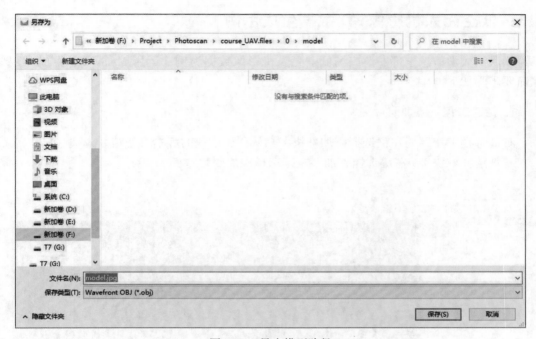

图 3.27　导出模型路径

在弹出的导出模型对话框中，设置模型导出参数（图 3.28），左键单击【OK】按钮。

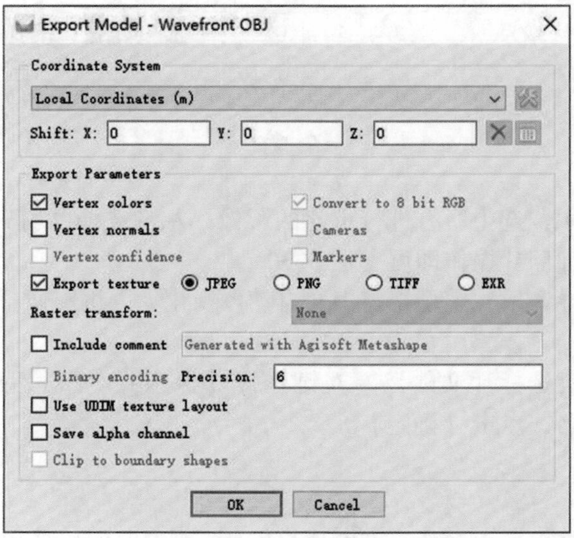

图 3.28　导出模型参数

- 坐标系系统：根据数据检查要求设置，默认选择【局部坐标系】。
- 其他选项如无特殊要求，选择默认。

3.5　低空无人机影像 3D 数据生成示例

以武汉大学信息学部友谊广场低空无人机影像数据为例，运用 Metashape 生成 3D 数据简要步骤如下。

1. 创建工程，添加照片

右键选择工作区→左键选择添加堆块，默认创建堆块的版本可忽略。

右键选择堆块 1→左键选择添加→左键选择添加照片（图 3.29）。

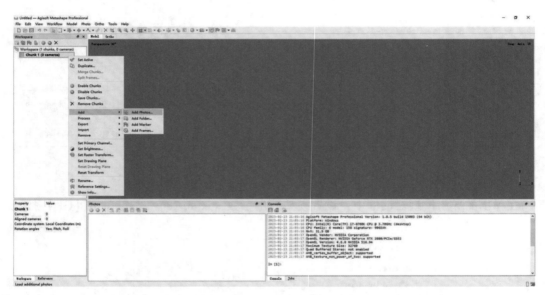

图 3.29　添加照片

在弹出的对话框中，选中所有进行重建的影像，左键选择【打开】。后续若要继续添加照片，重复上述添加照片操作即可（图 3.30）。

无人机影像成果导入后，模型视窗中会自动可视化无人机影像自带的 GNSS 信息（图 3.31）。

在菜单栏中，左键选择【文件】→左键选择【保存】，在对话框中选择项目存储路径，并以工程名称命名，点击【确定】。

2. 影像对齐

照片添加完成后可以对齐照片，右键选择堆块 1→左键选择处理→左键选择对齐相机（图 3.32）。

图 3.30　添加照片对话框

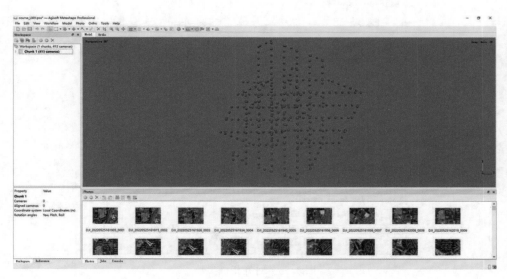

图 3.31　无人机影像导入视图

在弹出的对话框中，设置对齐参数（图 3.33），左键选择【确定】。
- 计算机性能允许条件下，精度选【高】；否则选【中】；
- 影像数量不多时，取消勾选【通用预选】；
- 无人机影像自带 GNSS 时，可勾选【参考预选】；
- 不推荐勾选【引导图像匹配】与【自适应相机模型拟合】。

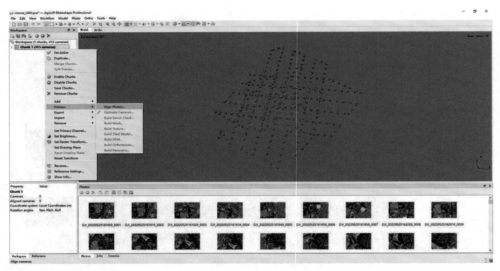

图 3.32　对齐相机

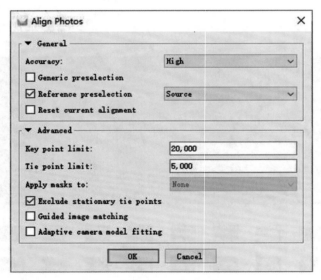

图 3.33　对齐相机参数

　　相机对齐进程结束后，可在模型视窗查看浏览稀疏重建结果（图 3.34），工具栏中切换选择显示相机可查看相机位姿，工具栏中切换选择点云可查看稀疏点云。

3. 优化对齐方式

　　此步骤在不进行控制点布设的条件下可选择跳过；若执行则右键选择堆块 1→左键选择处理→左键选择优化相机对齐（图 3.35）。

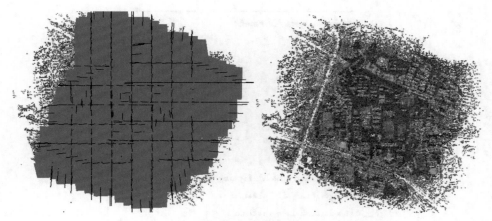

图 3.34　稀疏重建结果

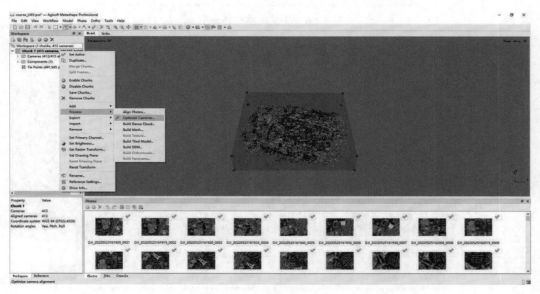

图 3.35　优化相机对齐

在弹出的优化相机对齐对话框中，根据采用的相机畸变模型勾选对应畸变参数（图 3.36），然后左键单击【OK】按钮。

4. 设置重建区域

在工具栏中，左键切换导航状态至重设范围（图 3.37）。

在模型视窗中调整重建范围立方体边界（图 3.38），调整完成后切换重设范围至导航状态。

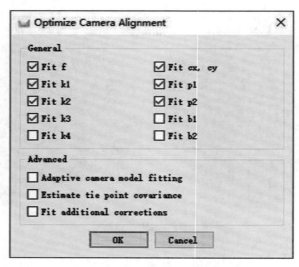

图 3.36　优化相机对齐参数

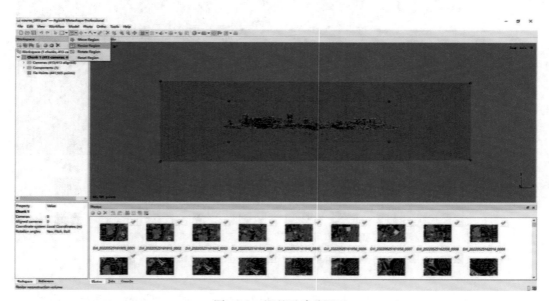

图 3.37　调整重建范围

5. 建立密集点云

在工作区中，右键选择堆块 1→左键选择处理→左键选择生成密集点云（图 3.39）。
在弹出的生成密集点云对话框中，设置重建参数（图 3.40），左键单击【OK】按钮。
- 计算机性能允许条件下，精度选高；否则选中；
- 深度过滤方式：温和的；

图 3.38　调整重建范围结果

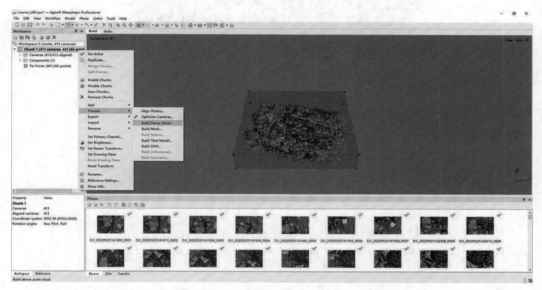

图 3.39　生成密集点云

图 3.40　生成密集点云参数

● 勾选：计算顶点颜色。

生成密集点云进程结束后，可在模型视窗查看浏览密集点云重建结果（图 3.41），工具栏中切换选择密集点云可查看稀疏点云。

图 3.41　密集点云

6. 生成网格

在工作区中，右键选择堆块 1→左键选择处理→左键选择生成网格（图 3.42）。

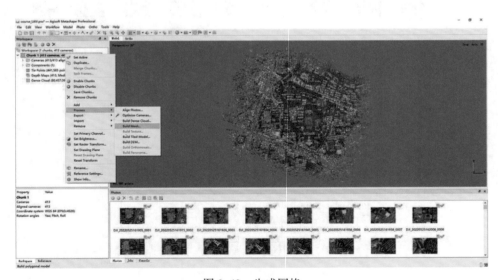

图 3.42　生成网格

在弹出的【Build Mesh】对话框中，设置网格重建参数（图 3.43），左键单击【OK】按钮。

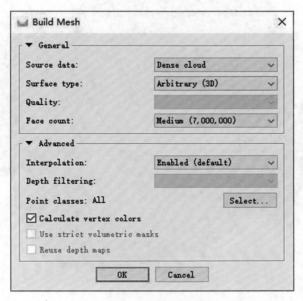

图 3.43　生成网格参数

- 计算机性能允许条件下，质量选高；否则选中；
- 源数据：密集点云；
- 表面类型：任意的（3D）；
- 插值：启用（默认）；
- 勾选：计算顶点颜色。

生成网格进程结束后，可在模型视窗查看浏览网格重建结果，工具栏中切换选择模型着色、模型实体与模型线框可查看不同可视化模式下的三维网格结果（图 3.44）。

7. 生成纹理

在工作区中，右键选择堆块 1→左键选择处理→左键选择生成纹理（图 3.45）。

在弹出的【Build Texture】对话框中，设置纹理映射参数（图 3.46），左键单击【OK】按钮。

- 纹理类型：散射地图；
- 源数据：影像；
- 映射模式：通用；
- 混合模式：镶嵌（默认）；
- 纹理大小：4096；
- 勾选：启用空洞填充+启用重影过滤。

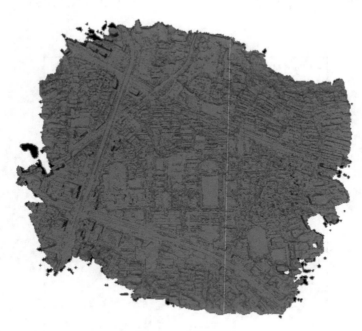

图 3.44　网格模型

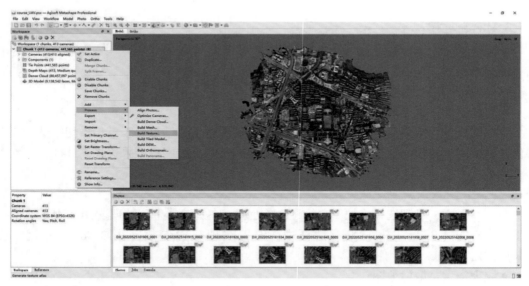

图 3.45　生成纹理

　　生成纹理进程结束后，可在模型视窗查看浏览网格重建结果，工具栏中切换选择【模型纹理】可查看的三维模型最终结果（图 3.47）。

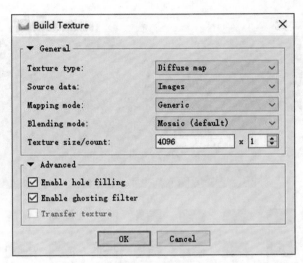

图 3.46 生成纹理参数

图 3.47 纹理映射模型

8. 导出模型

在工作区中，右键选择堆块 1→左键选择导出→左键选择导出模型（图 3.48）。
在弹出的【另存为】对话框中，命名导出的模型，选择模型格式【Wavefront OBJ

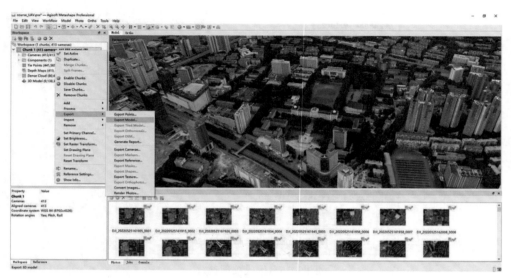

图 3.48　导出模型

（ ＊. obj）】，左键单击【确定】按钮（图 3.49）。

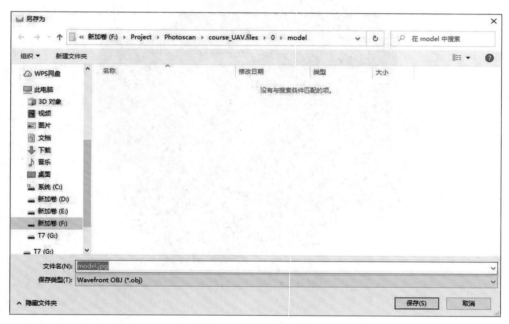

图 3.49　导出模型路径

在弹出的【Export Model】对话框中，设置模型导出参数（图 3.50），左键单击
【OK】按钮。

- 坐标系系统：根据数据检查要求设置，默认选择局部坐标系；
- 其他选项如无特殊要求，选择默认。

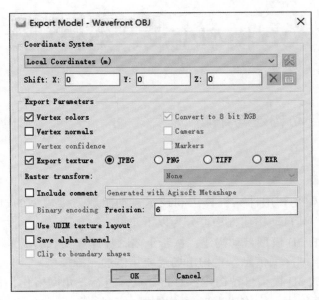

图 3.50 导出模型参数

3.6 本章小结

基于实景传感器的三维模型可以更加真实、全面、客观地表达目标对象的样貌与属性，是目前主流的 3D 数据获取方法。本章对基于多视角影像的 3D 数据生成的原理进行概述，系统性阐述多视 3D 数据重建过程中的空中三角测量，密集匹配，泊松重建与纹理映射等技术进行。此外，本章介绍了目前主流的多视影像 3D 数据生成的软件与工具，并着重叙述 Agisoft Metashape Pro 软件的功能特性及 3D 重建流程。最后，分别以手机拍摄多视图影像与无人机拍摄的多视图影像为例，详细介绍该软件 3D 数据生成的完整流程。

第4章　3D 模型生成、编辑与纹理映射

4.1　3D 模型自动构建与编辑

4.1.1　3D 模型自动构建方法

3D 模型自动构建是利用计算机算法和技术自动生成三维模型的过程。根据所需 3D 模型的类型和用途，其自动构建方法可分为以下几种：

（1）基于图像的 3D 模型自动构建：从若干幅图片计算提取出场景和物体的三维深度信息，根据获取的三维深度信息，重构出场景或物体的三维模型。

（2）基于点云的 3D 模型自动构建：对目标点云进行三角网格化，得到点云的空间拓扑结构，从离散的三维点云中构建出连续的面片，实现基于点云的三维重建。

（3）使用生成对抗网络（GAN）生成三维模型：使用生成对抗网络的技术对训练数据进行学习，自动生成与训练数据类似的三维模型。

4.1.2　数据编辑与常用的 3D 数据编辑软件

在进行三维重建时，由于数据采集、处理等过程中生成的数据可能无法达到预期效果，为了改善模型的外观和表现效果，满足特定的应用需求，需要进行数据的编辑工作。

三维数据编辑主要包括去噪、补洞、边界修补等。去噪是三维数据编辑的一个重要环节，它是指在三维数字模型中减少或消除噪点，使模型更精细、平滑，提高模型的质量和准确性。补洞是指在三维数字模型中填补空洞，修复模型的缺陷，通过补洞可以使模型的外观更美观，并且有助于提高模型的稳定性和可靠性。边界修补是指对三维数据的边界进行修补的过程，其目的是补全数据中的缺失边界部分，使数据更加完整。

常用的 3D 数据编辑软件有 AutoCAD、3ds Max、Context Capture、Mudbox、Zbrush、Geomagic Studio 等。

4.1.3　Geomagic Studio 数据编辑示例

1. Geomagic Studio 基本功能介绍

Geomagic Studio 是一款被广泛应用的逆向工程软件。所谓逆向工程，就是针对现有模型，经过编辑修改复制出模型本身应具有的形状。该软件可以帮助用户从点云数据中创建优化的多边形网格、表面或 CAD 模型。本章内容主要使用 Geomagic Studio 2012 版本，与

其他版本可能存在细微差异。

1）Geomagic Studio 2012 的界面

Geomagic Studio 2012 的界面主要由菜单栏、视窗和工具条组成（图 4.1）。

图 4.1　Geomagic Studio 2012 界面

2）Geomagic Studio 2012 基本模块

Geomagic Studio 2012 的菜单栏分为 11 个模块（图 4.2~图 4.12）：视图模块、选择模块、工具模块、对齐模块、分析模块、特征模块、采集模块、曲线模块、精确曲面模块、参数曲面模块、多边形处理模块。

（1）视图模块：

图 4.2　Geomagic Studio 2012 视图模块

（2）选择模块：

图 4.3　Geomagic Studio 2012 选择模块

（3）工具模块：

图 4.4　Geomagic Studio 2012 工具模块

（4）对齐模块：

图 4.5　Geomagic Studio 2012 对齐模块

（5）分析模块：

图 4.6　Geomagic Studio 2012 分析模块

（6）特征模块：

图 4.7　Geomagic Studio 2012 特征模块

（7）采集模块：

图 4.8　Geomagic Studio 2012 采集模块

（8）曲线模块：

图 4.9　Geomagic Studio 2012 曲线模块

（9）精确曲面模块：

图 4.10　Geomagic Studio 2012 精确曲面模块

（10）参数曲面模块：

图 4.11　Geomagic Studio 2012 参数曲面模块

（11）多边形处理模块：

图 4.12　Geomagic Studio 2012 多边形处理模块

3）Geomagic Studio 2012 的主要功能

Geomagic Studio 2012 包括以下几个主要功能：

（1）点云数据预处理，包括点云去噪、点云采样等。

（2）点云数据转换：将点云数据转换为多边形。

（3）多边形处理：主要包括删除钉状物、补洞、边界修补、重叠三角形清理等。

（4）多边形转换：将多边形转换为 NURBS 曲面。

（5）纹理贴图。

（6）数据输出：将模型文件输出为与 CAD/CAM/CAE 匹配的文件格式（＊.iges、＊.stl、＊.dxf 等）。

Geomagic Studio 2012 数据编辑操作步骤如图 4.13 所示。

图 4.1.13　Geomagic Studio 2012 数据编辑操作步骤

2. 数据导入

1）打开数据

Geomagic 软件自定义的模型数据格式为 ∗.wrp 格式，虽不公开该文件格式的组织结构，但软件可以读取很多种格式（图 4.14）。通过打开或导入菜单导入需要处理的模型数据，步骤如图 4.15 所示。在打开的过程中，软件会提示数据单位（默认毫米）和采样比例（默认 100%），一般采用默认的参数即可。软件加载数据后的可视化效果如图 4.16 所示。

图 4.14　Geomagic Studio 2012 可以读取的格式

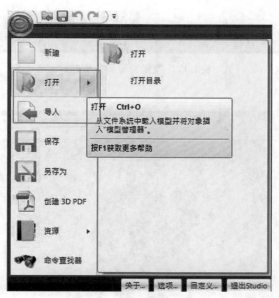

图 4.15 打开或导入菜单

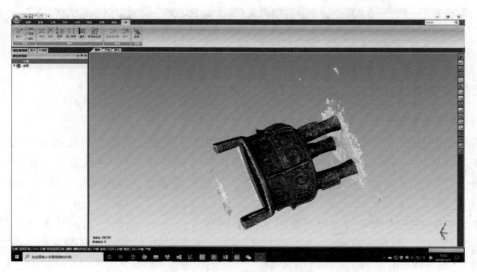

图 4.16 Geomagic 加载数据

2）数据浏览、选择与删除（旋转、平移、缩放、局部视图）

软件状态栏左侧提示了软件浏览数据的操作方法，如图 4.17 所示。此外，鼠标的滚轮可以进行缩放操作。假设此次模型编辑仅需要除去小鼎之外的模型对象，通过旋转、平移缩放、平移等步骤变换视图，在合适的视图中删除地面上的点云对象，以减少后续操作的数据量，结果如图 4.18 所示。

当前三角形: 1,261,699
所选的三角形: 0

左键: 选择三角形 | Ctrl+左键: 取消选择三角形 | 删除: 删除所选三角形 | 中键: 旋转 | Shift+右键: 缩放 | Alt+中键: 平移

图 4.17　数据浏览操作方法

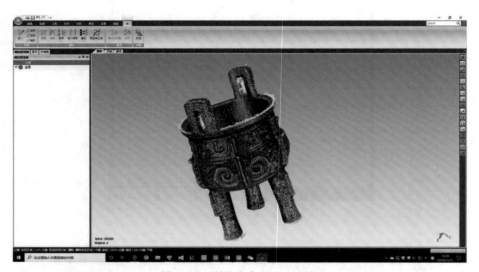

图 4.18　删除多余的点云对象

3. 点云数据预处理

1）去噪和平滑

在测量过程中，由于环境变化和其他人为的因素，数据点将不可避免地存在噪声，需要对数据点进行去噪滤波。依次点击菜单【点】→【减少噪声】，在设置框中调整相关参数并点击应用（图 4.19），结果如图 4.20 所示。如效果满意，点击确定，完成去噪处理。

2）构网

在点对象完成预处理后，即可使用多边形网格（polygon mech）来封装对象，这一操作称为"构网"，即利用点对象创建多边形网格。点击菜单【点】→【封装】（英文版软件中为 Points→Wrap）。封装参数面板中，参数采用默认即可。过程及结果如图 4.21 所示，由于默认参数中勾选了"删除小组件"，此前游离的离散点云在这个过程中被剔除。到此完成了点对象的处理过程，可以进入三角网模型编辑阶段。

4. 模型编辑

1）孔洞填充

图 4.21 中所示的绿色的线框为孔洞的边缘，需要对小型孔洞进行修补，孔洞填充可以一键操作，但受限于软件孔洞识别与编辑效果，依然需要人工进行调整和修补，补洞菜

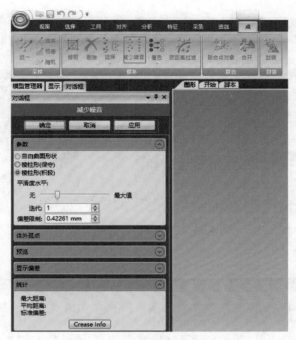

图 4.19 去噪参数

图 4.20 去噪结果

单如图 4.22 所示。

孔洞填充操作通过菜单【多边形】→【填充孔】来实现,如图 4.22 所示。菜单【填充单个孔】选项卡下有两排图形参数,上排表示孔洞填充处多边形需要的曲率,下排表示孔洞填充的方式,分别为直接填补内部孔、半边修补(边界孔)和搭桥。以下分别演示三类孔的填补方式。由于示例模型的曲率变化较小,因此孔洞的曲率默认为中间值,◖◖◖。

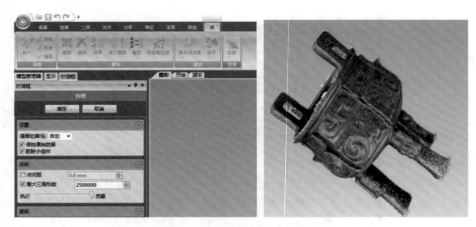

图 4.21　构网操作与构网结果

图 4.22　孔洞填充菜单

（1）填充内部孔：

在【填充单个孔】中选择【内部孔】，如图 4.23 所示。鼠标移动到任何有孔处，孔的边界会变成红色，点击边界处，即可填充该孔，如图 4.24 所示。

图 4.23　选择内部孔进行修补

（2）填充边界孔：

填充边界孔需要依次点击边界起点、边界终点包含的边界处，如图 4.25 所示。

（3）搭桥：

搭桥操作与填充边界孔相似，需要依次点击一边边界与另一边边界，如图 4.26 所示。

三种补洞方法可以交替使用，填充过程中还可以将不正确三角形网格删除，直至将所有的洞修补完毕。

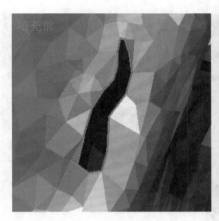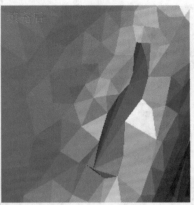

图 4.24　填充内部孔前后对比

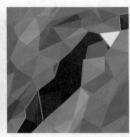

图 4.25　填充边界孔步骤与结果

图 4.26　搭桥操作顺序与结果

2）模型简化

孔洞填充操作完成后，模型上仍存在较小的毛刺或凹陷等对象；同时，过多的三角形会影响软件操作效率，为了便于后续贴纹理等操作，需对模型进行简化。选择菜单【多边形】→【简化】 🔲，在参数对话框中，根据实际修改目标多边形数量，默认值为当前多边形数量。如结果满足要求，点击确定，保存简化模型，结果如图 4.27 所示。

5. 数据输出

软件默认保存的格式为 ＊.wrp 格式，与其他软件不兼容，为方便后续处理，可另存

图 4.27　简化参数对话框及数据简化结果

为通用模型格式，如 *.obj、*.3ds 等格式。在软件左侧模型管理器中右击【数据】，也可以通过软件的主菜单，点击【另存为】选择指定格式并保存，如图 4.28 所示。

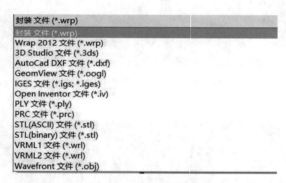

图 4.28　另存为格式

4.2　3D 模型参数化人工构建

4.2.1　常见三维模型构建软件

三维模型构建软件种类繁多，具有不同的特点和功能，用户可以根据自身的需求和专业水平选择合适的软件，见表 4.1。一般而言，本节中提到的可用于三维数据编辑的软件都具备三维模型构建的功能。除此之外，常用的三维模型构建软件还包括 Maya、SketchUp、Blender、Cinema 4D、FormZ 等。

表 4.1   三维模型构建软件

三维模型构建软件	软 件 名 称
通用全功能三维设计软件	3ds Max、Maya、Blender、FormZ、Cinema 4D
行业性的三维设计软件	AutoCAD、Solidworks、CATIA、UG、Pro/E、Cimatron
三维雕刻建模软件	ZBrush、Mudbox、MeshMixer
基于照片的三维建模软件	RealityCapture、MetaShape、PhotoSynth
基于扫描的三维建模软件	Geomagic Studio、ImageWare、RapidForm
基于草图的三维建模软件	SketchUp、EasyToy、Magic Canvas、Teddy

4.2.2　SketchUp 手工建模示例

1. SketchUp 简介

SketchUp（草图大师）是一款简单实用的三维建模软件，多被用于建筑物、家具、产品等三维物体的设计工作中。顾名思义，它是一套直接面向设计方案创作过程而不只是面向渲染成品或施工图纸的设计工具，这使得设计师可以直接在电脑上进行十分直观的构思，随着构思不断清晰，细节不断增加，最终形成的模型可以直接交给其他具备高级渲染能力的软件做最终渲染。

2. 新建模型

打开 SketchUp 软件，以米为单位新建模型，如图 4.29 所示。

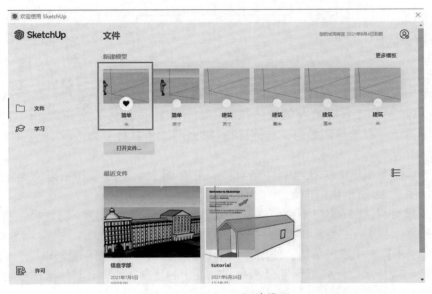

图 4.29　SketchUp 新建模型

3. 导入 DOM

本教程示例以武汉大学信息学部（局部）无人机影像名称为"信息学部 .tif"为例，其尺寸为 3243 像素×1857 像素，每个像素对应地面 0.1m 的实际距离，因此影像的实际范围为 324.3m×185.7m。

首先导入影像。点击【文件】→【导入】，选择提供的"信息学部 .tif"影像，将图像用作【图像】，然后点击导入。将影像的左下角放在坐标轴原点位置，沿红轴移动光标，同时在键盘上输入"324.3"m，使影像与真实地理距离相匹配，如图 4.30 所示。

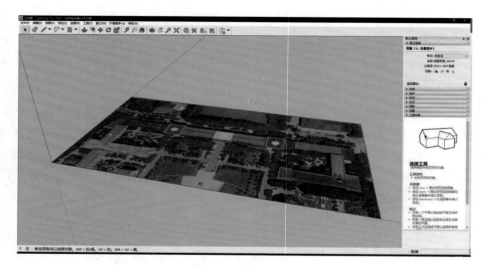

图 4.30　导入 DOM

4. 绘制建筑体

1）主要楼体绘制

切换至俯视图，使用直线画笔，在影像中描绘最左侧楼体的轮廓。然后返回等轴视图，使用【推/拉】工具将最左侧楼体拉高 28m（粗略估计每层楼高为 4m），如图 4.31 所示。选中一条垂直于地面的边，右键选择【拆分】，将其拆分为 7 段。

2）拱门绘制

在长方体由下至上 2/7 处绘制一条直线，并在面上绘制圆形和矩形，删除多余辅助线，构成如图 4.32 所示拱门形状。

使用【推/拉】工具将三个拱门推至长方体尽头，形成"挖空"的效果，将剩余部分推至距离长方体尽头 1m 处，构造出一个拱门，如图 4.33 所示。

按住【Shift】选中拱门结构，使用【移动】工具和【Ctrl】键，复制出一个拱门结构到对面，如图 4.34 所示。此处用到了 SketchUp 软件中的复制功能，其具体操作方法如下：

（1）使用选择工具选中要复制的实体。

（2）激活【移动】工具。

图 4.31　楼体绘制

图 4.32　拱门平面图

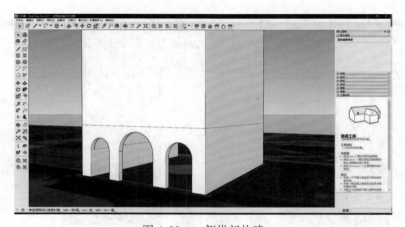

图 4.33　一侧拱门构建

（3）进行移动操作之前，按住【Ctrl】键，进行复制。

（4）在结束操作之后，注意新复制的几何体应处于选中状态，原物体则取消选择。

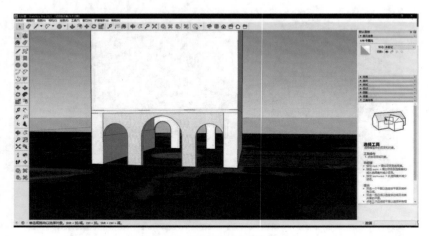

图 4.34　两侧拱门构建

3）窗户绘制

在楼体表面上绘制一个矩形，表示最右侧的窗户，使用【移动】工具和【Ctrl】键将该矩形复制到最左侧窗户的位置，键盘输入"/7"，即可实现对矩形的等距复制，如图 4.35 所示。得到一层楼的 8 面窗户。此处用到了 SketchUp 软件中的多重复制功能，其具体操作方法如下：

（1）按照常规复制方法复制一个副本。

（2）输入一个复制份数来创建多个副本。例如，输入 2＊（或＊2）就会复制两份。另外，也可以输入一个等分值来等分副本到原物体之间的距离。例如，输入 5/（或/5）会在原物体和副本之间创建 5 个副本。

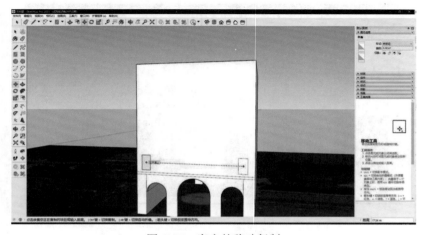

图 4.35　窗户的移动复制

选中单层楼的 8 面窗户，使用【移动】工具和【Ctrl】键将该行的 8 个矩形复制到楼体的最上方，键盘输入 "/4"，得到该面的 40 面窗户。选中 40 面窗户，使用【移动】工具和【Ctrl】键将其复制到另一侧的楼体表面，如图 4.36 所示。

图 4.36　平面窗户绘制

使用【推/拉】工具，将该面上除了窗户以外的其余平面向外拉 0.1m，形成窗户的立体效果，如图 4.37 所示。

图 4.37　窗户立体结构的表示

4）房顶绘制

使用【推/拉】工具，然后按下【Ctrl】键，在房顶平面上复制推拉出一定高度，并在房顶平面使用【偏移】工具绘制一个内部矩形，如图 4.38 所示。

使用【推/拉】工具拉高边缘部分，并将边缘的四个朝外的面分别向外拉出一定长度，构成屋顶的边缘部分，如图 4.39 所示。

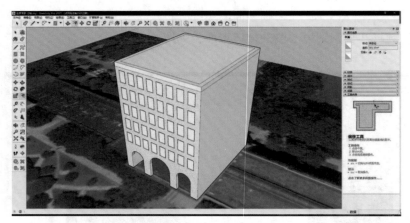

图 4.38　房顶平面的绘制

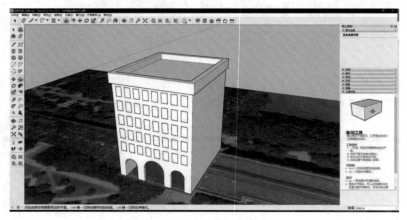

图 4.39　房顶立体结构的表示

　　在影像的右侧沿着圆形目标绘制 2 个同心圆，用于构建屋顶的半球结构，如图 4.40 所示。

　　以大圆为例，首先绘制一个与其半径和圆心相同、方向垂直的圆。具体方法为：将光标移动到圆心处，按方向键选择所要绘制的圆的法线方向，绘制出一个相同半径的圆。然后使用画笔工具和擦除工具，留下如图 4.41 所示的一个扇形。

　　首先，点击选择下方圆形，使用【路径跟随】工具，再选择上方扇形，使其旋转一周得到如图 4.42 所示的半球。

　　然后，根据半球的半径，绘制一个平行于地面影像的切平面，在切平面上以切点为圆心绘制一个圆，如图 4.43 所示。擦除圆以外的平面，分别向上、向下推拉切圆，形成一个平台。在平台上表面绘制一个正六边形，根据辅助线找到 6 个圆柱圆心所在位置，如图 4.44 所示。

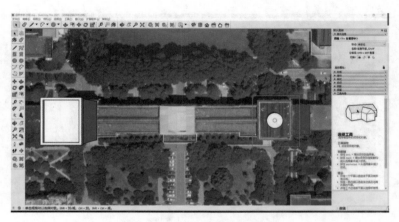

图 4.40　半球结构的平面绘制

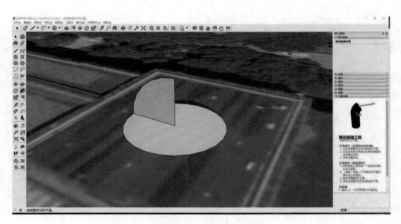

图 4.41　扇形的绘制

图 4.42　路径跟随绘制半球

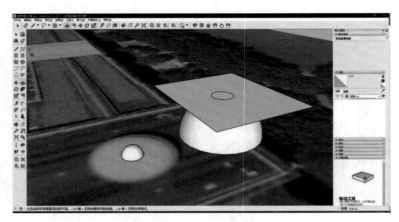

图 4.43　半球切面的绘制

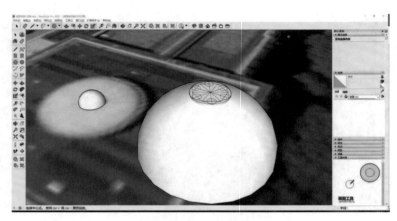

图 4.44　圆柱圆心位置的确定

将 6 个圆形推拉出圆柱，再将小的半球移动到圆柱上，在小的半球顶端绘制一条直线，构成屋顶的结构体。最后将整体结构移动到房顶中心，如图 4.45 所示。

5）装饰线绘制

首先类比建筑最左侧部分的构建方式，绘制出建筑左二部分的整体结构，如图 4.46 所示。

在楼体表面绘制如图 4.47、图 4.48 所示的装饰线，并将其复制到对立面上。

使用【推/拉】工具，将装饰线拉出一定距离，构成立体装饰线，如图 4.49 所示。

使用直线画笔和【推/拉】工具，绘制建筑上方横向延伸的装饰线，如图 4.50 所示。

6）房顶走廊绘制

在建筑左二部分房顶边缘处绘制如图 4.51 所示拱形，拱形上方的半圆圆心位于边缘的中点。

选择【推/拉】工具，延伸走廊截面，得到房顶的实心立体走廊结构，如图 4.52 所示。

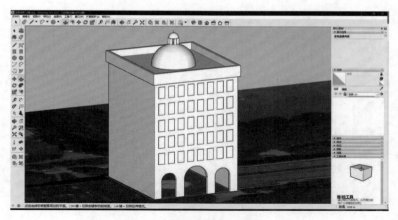

图 4.45　半球结构移动至房顶

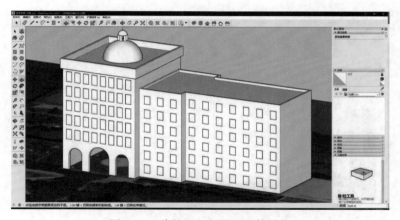

图 4.46　建筑左二部分的整体结构

图 4.47　建筑装饰线绘制（左一部分）

图 4.48　建筑装饰线绘制（左二部分）

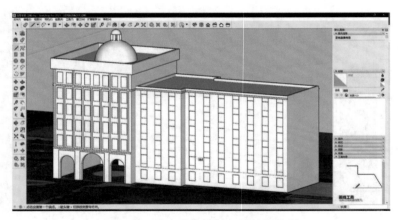

图 4.49　竖向装饰线的立体结构绘制

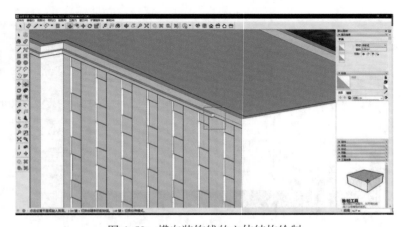

图 4.50　横向装饰线的立体结构绘制

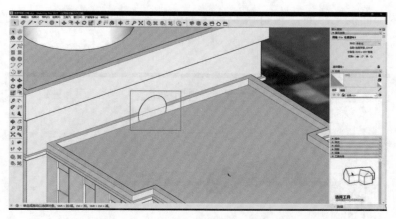

图 4.51　房顶走廊的平面结构绘制

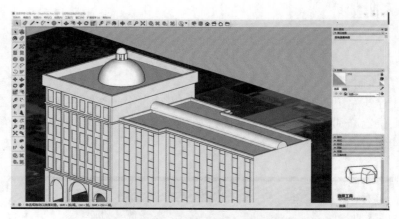

图 4.52　房顶走廊的实心立体结构绘制

选择直线画笔和【偏移】工具绘制出房顶走廊的内轮廓，如图 4.53 所示。

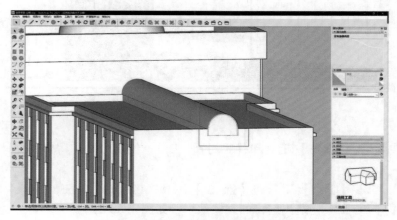

图 4.53　房顶走廊的空心平面结构绘制

将走廊内部面推至对面，并删除多余的面和线条，即可获得内部挖空的走廊，如图 4.54 所示。

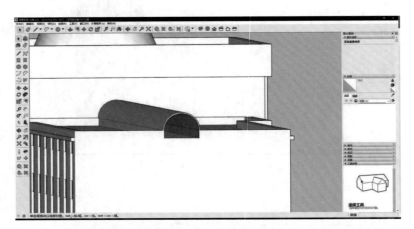

图 4.54 房顶走廊的空心立体结构绘制

7）正门的绘制

首先类比建筑左边两部分的构建方式，绘制出建筑中间部分的整体结构。在地面和建筑一层楼以上位置分别建立 2 个矩形平面，如图 4.55 所示。下方矩形用于构建台阶，上方矩形用于构建房檐。

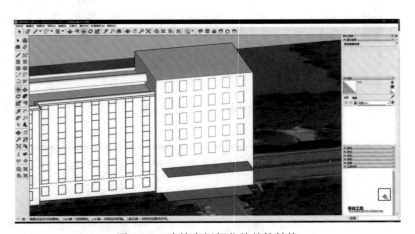

图 4.55 建筑中间部分的整体结构

使用直线画笔、【偏移】工具和【推/拉】工具，绘制台阶和房檐的立体结构，如图 4.56 所示。

使用画圆工具、【偏移】工具和【推/拉】工具，构造 6 个门柱，如图 4.57 所示。

使用【推/拉】工具构造出门窗的立体效果，如图 4.58 所示。

在房顶绘制等腰三角形，使用【推/拉】工具构造房顶的立体效果，如图 4.59 所示。

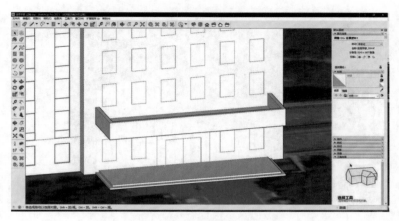

图 4.56   台阶和房檐的立体结构

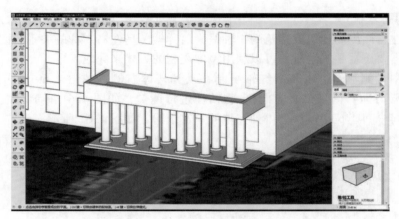

图 4.57   门柱的立体结构

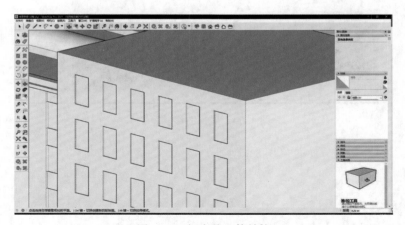

图 4.58   门窗的立体结构

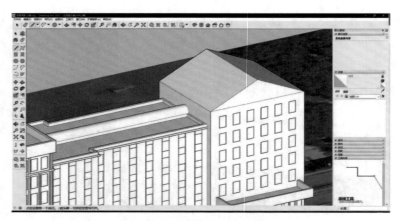

图 4.59　房顶的立体结构

8）结构的复制

教学楼左右两侧的建筑以建筑的中轴线为对称轴，呈左右对称的关系，因此右半侧的建筑结构不需要重复手工绘制，可以利用镜像复制的方式来完成。

首先选中左侧建筑，将其沿红轴复制移动到楼体右侧，如图 4.60 所示。然后【右键】→【翻转方向】→【红轴方向】，将结构进行镜像，如图 4.61 所示。最后移动右侧结构，使其与中间建筑相连接，得到完整的建筑结构，如图 4.62 所示。

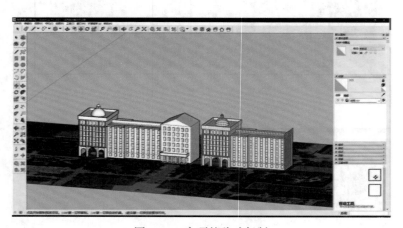

图 4.60　房顶的移动复制

5. 纹理贴图

1）创建材质

在默认面板的材质区域点击【创建材质】，导入"纹理"文件夹中的图案"纹理-墙砖.jpg"，调整纹理图案的尺寸，创建出一个自定义的墙砖材质，如图 4.63 所示。

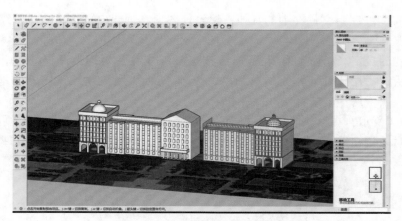

图 4.61　房顶的镜像翻转

图 4.62　完整的建筑结构

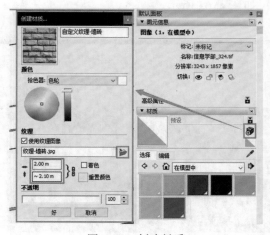

图 4.63　创建材质

依次导入"纹理"文件夹中的其他三幅纹理图案,创建出自定义的材质纹理。

2)贴图

使用创建的自定义材质,对模型进行纹理贴图。其中,"纹理-青蓝色"用于建筑的主体,"纹理-墙砖"用于建筑一层的外墙,"纹理-瓷砖"用于建筑正门外的地面和墙面,"纹理-白色"用于房顶、装饰线、门柱和拱形门洞等。

如图 4.64 所示,在默认面板的材质区域选择"屋顶",使用"沥青屋顶瓦"作为建筑物砖瓦的材质,在编辑面板中设置纹理图像的尺寸,对建筑物砖瓦进行纹理贴图。

图 4.64　屋顶材质选择

类似的,在默认面板的材质区域选择"玻璃和镜子",使用"可用于天空反射的半透明玻璃"作为窗户的材质,在编辑面板中设置纹理图像的不透明度为 80%,对窗户进行纹理贴图。使用"半透明玻璃"作为房顶走廊的材质,在编辑面板中设置纹理图像的不透明度为 80%,对房顶走廊进行纹理贴图。

最后的纹理贴图结果如图 4.65 所示。

图 4.65　纹理贴图结果

6. 成果保存和导出

选择【文件】→【保存】，将成果保存为∗.skp 格式文件。

选择【文件】→【导出】→【二维图形】，将当前视图导出为图像文件。

选择【文件】→【导出】→【三维模型】，将模型导出为其他三维设计软件可用的文件格式。

4.3　模型纹理映射

4.3.1　3D 建模与纹理映射的内容

利用计算机数字化技术创建三维物体的过程统称为 3D 建模，包含自动建模、参数化人工建模、手工建模等多种方法。纹理映射是 3D 建模的一个重要步骤，是将图像或纹理映射到三维物体表面的过程，通过为三维模型添加表面纹理和细节，增强其视觉效果和真实感。常见的纹理映射包括法线贴图、凹凸贴图、移位贴图、阴影贴图、环境光映射等。3D 建模和纹理映射通常被用于游戏开发、动画制作、虚拟现实、建筑设计和工业设计等领域。

4.3.2　常用 3D 建模及纹理贴图软件

一般而言，前文提到的三维模型构建软件都具备纹理贴图的功能。除此之外，常用的纹理贴图软件还包括 Mudbox、Mari、Quixel Suite 及 Bitmap2Material 等。这些软件可以用于不同的 3D 建模和纹理映射任务，具体的纹理贴图软件选择取决于不同使用者的需求与使用体验。

4.3.3　3ds Max 精细三维模型制作示例

1. AutoDesk 3ds Max 2012 基本功能简介

1）AutoDesk 3ds Max 2012 界面

AutoDesk 3ds Max 2012 界面（图 4.66）主要包括【文件】菜单栏、快速工具栏、菜单栏工具栏、活动视图区、命令面板等。

2）AutoDesk 3ds Max 2012 基本功能

（1）【文件】菜单栏：

【文件】菜单（图 4.67）功能主要为新建工程、打开工程、导入导出模型等。

（2）【组】菜单栏：

【组】菜单（图 4.68）功能主要为组合以及解组切分后的模型，便于对模型进行整体平移、旋转、缩放等操作。

（3）【自定义】菜单栏：

在导入模型之前首先要进行【自定义】单位设置，通常将系统单位设置中系统单位

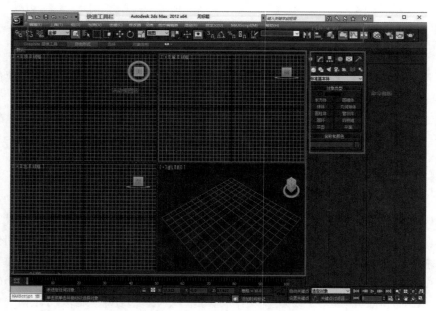

图 4.66　AutoDesk 3ds Max 2012 界面

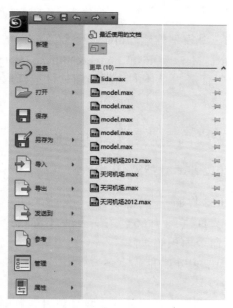

图 4.67　AutoDesk 3ds Max 2012【文件】菜单栏

比例设置为"米"（图 4.69）。

（4）命令面板：

在进行贴图准备工作时主要通过 3ds Max 软件中的命令面板进行一系列操作。包括

图 4.68 AutoDesk 3ds Max 2012 "组"菜单栏

图 4.69 AutoDesk 3ds Max 2012 "自定义"菜单栏

"创建 ⚹" "修改 ⌒" "层次 ⚏" "运动 ◎" "显示 ▣" "工具 ⚒" 六部分,详细功能见表 4.2。

表 4.2   **3ds Max 常用命令**

命令面板	功 能 介 绍
创建	包含用于创建对象的控件。如几何体、摄影机、灯光等
修改	用于将修改器应用于对象,以及编辑可编辑对象的控件。修改对象时需要先在活动视图区将模型选中,然后在"修改器列表"中选择相应的修改器选项
层次	管理层次、关节和反向运动学中链接的控件

命令面板	功 能 介 绍
运动	包含动画控制器和轨迹的控件
显示	包含用于显示和隐藏对象的控件
工具	主要用于一些特殊参数选项的设置

2. AutoDesk Mudbox 2016 基本功能简介

1）Autodesk Mudbox 2016 界面

Autodesk Mudbox 2016 结合了数字雕刻与纹理绘画功能，其界面（图 4.70）主要包括菜单栏、显示窗口、属性窗口和工具栏。

图 4.70　Autodesk Mudbox 2016 界面

2）Autodesk Mudbox 2016 常用功能介绍

（1）主菜单：（图 4.71）

主菜单将所需命令菜单进行归类，方便用户使用，主要包括文件、编辑、创建、网格与显示等菜单。

图 4.71　Autodesk Mudbox 2016 主菜单

（2）视图窗口：

视图窗口主要包括3D视图、UV视图、图像浏览器（图4.72~图4.74），用以查看和编辑具体项目。其中3D视图可以观察和编辑模型，UV视图可以观察处于选中状态的模型UV分布情况，图像浏览器可以浏览本地图像纹理并进行相关操作。

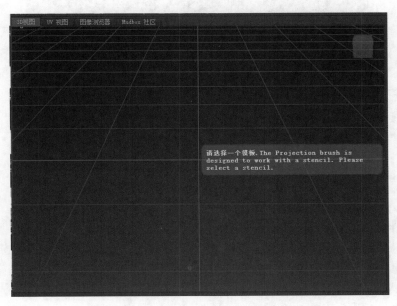

图 4.72　Autodesk Mudbox 2016 3D 视图

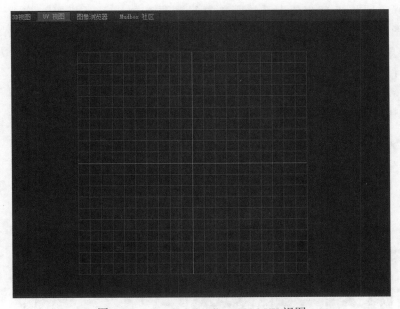

图 4.73　Autodesk Mudbox 2016 UV 视图

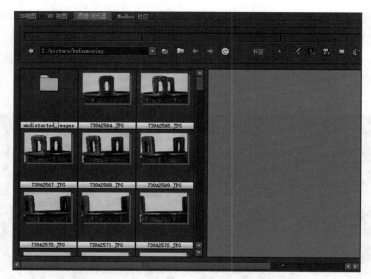

图 4.74　Autodesk Mudbox 2016 图像浏览器

（3）属性窗口：

属性窗口显示和编辑模型与工具的属性，包括编辑图层属性的图层属性窗口、编辑模型属性的对象列表窗口，以及调节相机视角和景深等属性的视口过滤器等。

（4）工具栏：

工具栏中包括雕刻工具、绘画工具、曲线工具、姿态工具、选择/移动工具，以及图章、模板、衰减、材质预设、灯光预设和摄影机书签。其中模型贴图较为常用。在进行贴图工作的时候需要将画笔调节为【绘画工具】（图 4.75）→【投影】模式（图 4.76）。其次，在贴图过程中可以利用【选择/移动】工具框选模型进行显示隐藏操作，便于对模型内部以及遮挡部位进行纹理贴图。此外，养成设置摄影机书签的习惯，可以有效避免因操作失误而导致模型纹理与模型映射时产生的问题。

图 4.75　Autodesk Mudbox 2016 绘画工具

图 4.76　Autodesk Mudbox 2016 投影模板

3. 三维模型制作（以文物小鼎为例）

1）制作流程图

基于 AutoDesk 3ds Max 与 AutoDesk Mudbox 的三维模型制作流程如图 4.77 所示。

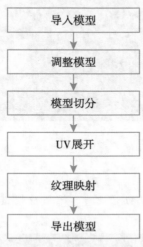

图 4.77　制作流程图

2）导入原始模型

打开 3ds Max 软件，单击 ，导入原始 ∗.obj 格式模型，如图 4.78 所示，导入模型后窗口显示如图 4.79 所示。

图 4.78　导入模型

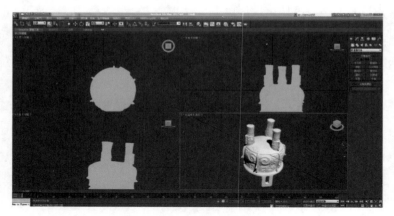

图 4.79　窗口显示

注意：默认窗口显示为四窗口，点击如图 4.80 所示按钮可切换 3ds Max 显示窗口（四窗口、单窗口）。3ds Max 的移动、旋转、缩放快捷键依次为 W、E、R。

图 4.80　切换窗口显示

3）转正模型

（1）将坐标中心归为模型中心点：

如图 4.81 所示，选中模型后，按照图中 1→2→3→2 的顺序依次点击对应按钮。

图 4.81　调整坐标中心位置

注意：一定要再次点击【仅影响轴】，否则执行坐标归零后模型位置不会变化。

（2）坐标归零：

鼠标右键点击 ⊕ 按钮，弹出如图 4.82 所示对话框，将绝对世界中的 X、Y、Z 的值改为 0。

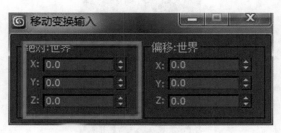

图 4.82　坐标归零

（3）通过旋转工具对模型进行合理摆放及大小调整：

点击 ○ 按钮，模型界面出现如图 4.83 所示的旋转光圈，旋转黄色光圈即可旋转模型，分别从顶视图、前视图、左视图将模型转正。

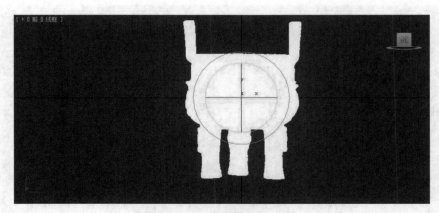

图 4.83　旋转模型

在将模型旋转到合理角度后按照如图 4.84 所示的 1→2→3 顺序可对模型进行重置变换。

注意：视图调整快捷键：顶视图 T、前视图 F、左视图 L、透视图 P。

4）切分模型

（1）将模型转换为可编辑多边形：

如图 4.85 所示，选中模型单击鼠标右键，点击【转换为】→【转换为可编辑多边形】，右侧修改工具栏变为如图 4.86 所示，如果修改工具栏没有变化，则右键单击空白处，选择塌陷全部即可。

（2）分离模型：

首先将视图调整为顶视图，进入模型面选择工具，根据模型总面数大小（选择面工

图 4.84   重置变换

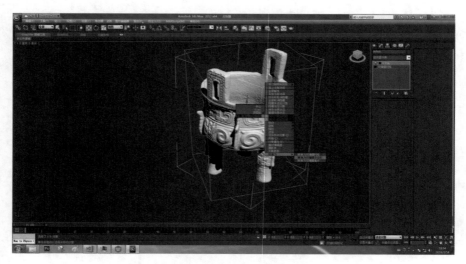

图 4.85   转换为可编辑多边形

具将整个模型框选上）进行适当分割（如将小鼎分为六部分，如图 4.87 所示）。每选中一部分，按照图中 1→2→3→4 的顺序进行模型分离，点击分离后，弹出如图 4.88 所示的对话框，可对该部分进行命名，为了便于区分，还可以如图 4.89 改变每一部分的颜色。模型分离结果如图 4.90 所示。

5）展开 UV

在【修改器】中添加 Unwrella 插件。

图 4.86 修改工具栏

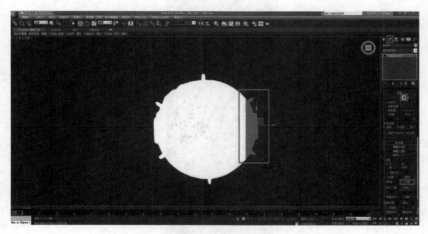

图 4.87 模型分离步骤

图 4.88 模型分离对话框

图 4.89 修改模型颜色

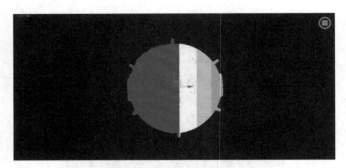

图 4.90　模型分离结果

　　选择分离模型，在修改器列表中选择 Unwrella，点击 Unwrap，如图 4.91 所示。展开 UV 结果，如图 4.92 所示。依次将六块模型平铺展开。

图 4.91　展开 UV 步骤

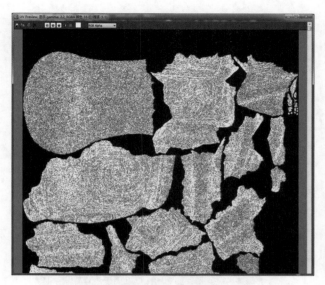

图 4.92　UV 展开结果

6）设置材质

依次选中分离模型，点击图标，打开材质编辑器，给予分离模型不同的材质。操作步骤如图 4.93 所示。

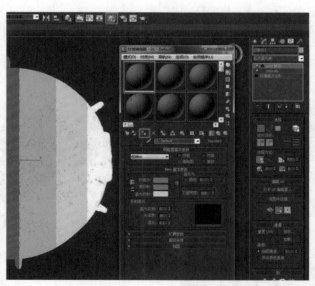

图 4.93　设置材质步骤

注意：设置材质前，模型命名编号要与材质命名编号对应，需将材质编辑器里的材质球改为每行 6 个，如图 4.94 所示，在材质编辑器对话框内，点击【选项】→【循环视窗】，多次点击循环视窗变换为 6×4（每行 3 个材质球时，第 2 行第 1 个编号为 7）。

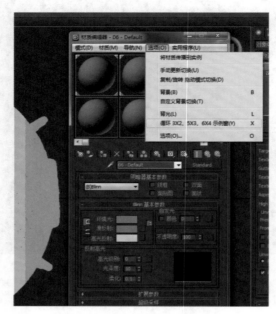

图 4.94　修改材质球视窗大小

7）纹理映射

（1）模型导入：

选择全部模型，选择【以新场景发送至 mudbox】，如图 4.95 所示（或者在 3ds Max 中导出 *.fbx 格式，以 *.fbx 格式文件导入 mudbox）。在被导入网格中检测到问题时选择【保留所有】。

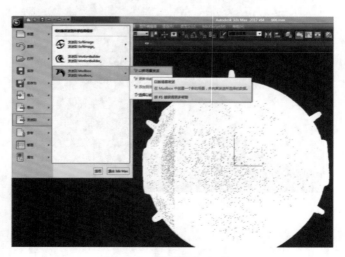

图 4.95　模型导入 mudbox

（2）设置贴图信息：

点击模型，弹出贴图设置框，创建新图层时尺寸设置为 4096，格式保存为 ＊.png 格式，如图 4.96 所示。

图 4.96 新建图层并设置属性

（3）导入原始影像：

点击图像浏览，选择原始影像所在的文件夹，如图 4.97 所示。

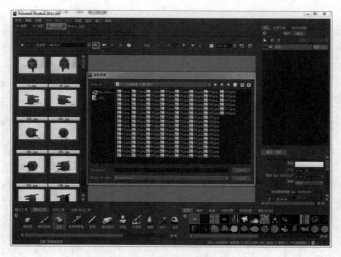

图 4.97 导入原始影像

（4）选取对应模型的照片：

如图 4.98 所示，选择一张对应照片，然后点击图标 2 缩放图像，最后点击图标 3 设置蜡纸。

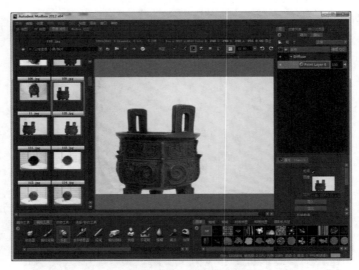

图 4.98　选取照片

（5）模型与纹理的对应关系匹配和纹理映射：

模型与纹理的匹配主要包括旋转、平移、缩放等变换操作，使照片与模型重合。

纹理映射时，选择描绘工具中的投影工具在模型表面进行绘制，如图 4.99 所示。依次选择不同角度照片进行纹理映射，最终贴图成果如图 4.100 所示。

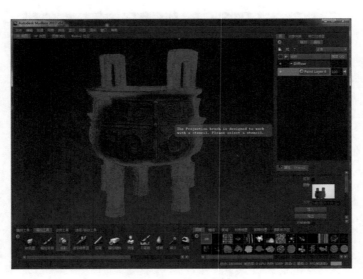

图 4.99　纹理映射

注意：模型操作快捷键：旋转——【Alt】＋鼠标左键；平移——【Alt】＋鼠标中间；

图 4.100　贴图成果

缩放——【Alt】+鼠标右键。照片操作快捷键：旋转——【Q】+鼠标左键；平移——【Q】+鼠标中间；缩放——【Q】+鼠标右键。

（6）导出贴图：

点击【文件】→【保存场景作为】，选择路径，如图 4.101 所示，最终保存结果为xx. mud 文件和 xx-files 文件夹，文件夹中为模型贴图。

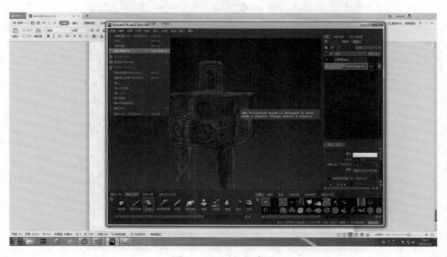

图 4.101　导出贴图

8）模型附贴图纹理

（1）将贴图文件给予模型表面：

从 mudbox 中点击【文件】→【发送至 3ds Max】，也可以将展开 UV 的 obj 模型直接导入 3ds Max，然后将 xx-files 文件夹中的贴图按照命名编号将对应贴图拖动到对应材质球上，操作流程与结果分别如图 4.102 与图 4.103 所示。

图 4.102　附贴纹理

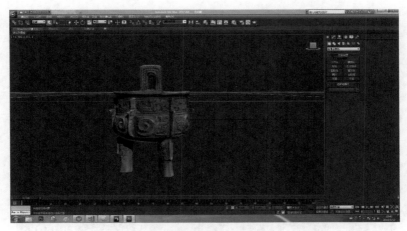

图 4.103 附贴纹理结果

（2）设置贴图的相对路径：

点击快捷键【Shift】+【T】，弹出资源追踪对话框，全选贴图后，点击【路径】→【条带路径】，如图 4.104 所示。

图 4.104 设置相对路径

（3）附加模型：

选择模型的其中一部分，点击图标 1 附加按钮右侧矩形，弹出附加列表，全选列表中对象后，点击图标 3 附加按钮模型合并为一个对象，如图 4.105 所示。

（4）导出模型：

选中模型，选择【导出】→【导出选定对象】，保存为 ∗.fbx 格式并命名，勾选载入的媒体，如图 4.106 所示。

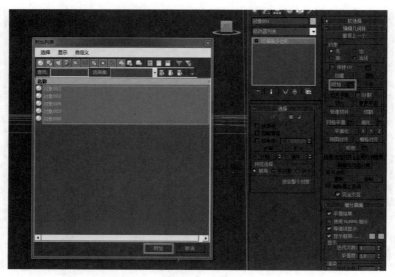

图 4.105 附加模型

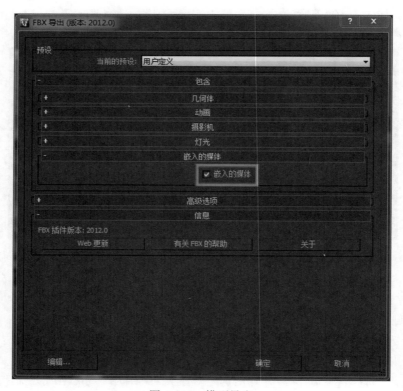

图 4.106 模型导出

4.4　本章小结

　　本章主要介绍了 3D 模型生成、编辑与纹理映射的内容和常用软件，并为读者提供了三个实例教程，帮助读者更好地理解和掌握这项技术。在 3D 模型生成中，可以使用各种软件工具创建三维模型，这些工具可以让用户从不同的角度和尺度创建模型，并添加各种细节。在编辑 3D 模型时，用户可以修改模型的形状和大小、方向和位置，以及添加或删除部分模型，以获得更加符合用户需求的模型。在纹理映射方面，可以将图像或其他纹理应用到模型的表面以达到模拟真实世界中的表面效果，这可以通过将纹理图像映射到模型表面的方式实现。总之，3D 模型生成、编辑与纹理映射是 3D 技术领域中不可或缺的基本技术，可以帮助用户创建逼真的三维场景，提高用户的工作效率和成果质量。

第 5 章　3D 动画制作

Three-Dimensional Animation, 具有三种维度技术的动画, 简称三维动画或 3D 动画。它是一种利用三维仿真技术, 运用各种表现形式, 把复杂、抽象、虚拟的内容, 通过动画的手段, 形象、生动且直接地予以展现。三维动画的元素均包含模型、材质、灯光、镜头, 辅助的要素有骨骼动画、表达式控制、动力学特效、后期画面合成等。三维动画软件在计算机中首先建立一个虚拟的世界, 设计师在这个虚拟的三维世界中按照要表现的对象的形状和尺寸, 来建立模型及场景, 再根据要求设定模型的运动轨迹、虚拟摄影机的运动和其他动画参数, 最后按要求为模型赋上特定的材质, 并打上灯光, 生成最后的画面 (图 5.1)。

图 5.1　3D 动画示例

三维动画技术模拟真实物体的方式使其成为一个有用的工具。由于其精确性、真实性和无限的可操作性, 目前被广泛应用于医学、教育、军事、娱乐等诸多领域。在影视广告制作方面, 这项新技术能够给人耳目一新的感觉, 因此受到了众多客户的欢迎。三维动画可以用于广告和电影电视剧的特效制作 (如爆炸、烟雾、下雨、光效等)、特技 (撞车、变形、虚幻场景或角色等)、广告产品展示、片头飞字等。

5.1　3D 动画一般制作流程

3D 动画是一门多学科技术的集中体现, 需要使用者掌握多方面不同维度的技能, 具体包括以下几个方面:

(1) 素描基础: 主要学习物体的结构、光泽、高光、几何体的画法等, 通过基础美术的学习, 掌握立体造型与美感。

(2) 色彩构成: 主要学习色彩的基础知识、色彩搭配、色彩构成、水粉画的静物写生/临摹、平面构成的特种表现等，学色彩构成主要用于增强美感。

（3）图像处理：图像处理软件的熟练应用，可以用于 3D 动画中的材质制作，效果把控。

（4）3D 动画软件：3D 动画软件的基础学习是掌握 3D 动画制作的必备能力，是完成 3D 动画建模、材质、灯光、渲染、特效的必备技能。

（5）AE 三维合成：对 AE 软件有一定的认识和了解，熟练掌握三维动画合成的技巧。

三维动画设计工作流程如下：

（1）剧本、故事、剧本分镜。主要负责故事的制作，吸引人的故事才有可做的价值。

（2）设计，根据剧本故事绘制的动画场景、角色、道具等的二维设计及整体动画风格定位工作。主要负责对整部片子的风格设定和颜色设定，尝试各种风格，美化画面的设计。符合动画制作的风格和技术要求的定位。

（3）画设计图，给后面的三维制作参考，制作模型和场景摆放位置。主要负责场景的气氛营造、光影的摆放设计和故事发展的气氛烘托。

（4）分镜头设计，根据文字创意剧本进行的实际制作的分镜头故事。主要负责每个镜头的衔接和故事画面的再创作，达到很好地把故事变成画面动起来的效果。

（5）讲镜头，分析每个镜头的表达方式和故事情节。主要负责向所有制作人员讲解故事进行的制作。

（6）3D 粗模，在三维软件中由建模人员制作出故事的场景、角色和道具的粗略模型。把模型基础制作出来确定人物道具的身高大小，让部分人可以先进行工作。

（7）3D 角色模型、3D 场景、3D 道具模型，根据概念设计图和团队的综合意见，在三维软件中进行模型的精确制作，不断修改，完成模型。

（8）绘制贴图，制作人物、场景、道具的模型材质。画出 3D 模型的所有纹理、花纹、颜色和质感材质。

（9）3D 分镜摆放（Layout），用 3D 粗模根据剧本和分镜故事板制作出 Layout，其中包括软件中摄像机机位的摆放安排、基本动画、镜头时间。做到镜头有连贯性，让观看的人感觉舒服、好看。

（10）骨骼绑定，绑定好 3D 模型的骨骼，让模型有可操控性，可连贯地挑取动作和表情。

（11）动画制作，根据场景位置和分镜头设计，进行动画人物的动作创作，将每个镜头表达得精细完整。赐予模型生命力，可以进行表演。

（12）灯光布置，根据前期概念设计的风格定位，对动画场景进行材质的精细调节，调节灯光的颜色和光的位置，把握每个镜头的渲染气氛。

（13）特效制作，根据具体故事，由特效师制作出水、烟、雾、火、破碎、流体等特效动画的效果。

（14）渲染，把动画、场景的模型进一步细化，渲染出最好的精细效果，提供合成用的图层和通道。

（15）配音配乐，根据 3D 分镜头，对照片子制作音效和人物对话等声音文件和音乐文件。

（16）剪辑合成，对以上步骤制作出来的文件进行合成，后期调整调色，剪辑出最后的完成品。

5.2   常用的 3D 动画制作软件

3D 软件种类繁多，针对不同行业的不同用途，本章着重介绍一些常用的三维软件，可以从其功能中寻得不同。

◆ 3D Max：3D Max 是 Autodesk 公司开发的基于 PC 系统的三维动画制作和渲染的软件（图 5.2）。广泛应用于广告、影视、工业设计、建筑设计、三维动画、多媒体制作、游戏、辅助教学，以及工程可视化等领域。它是目前在场景动画、建筑表现、电影影视制作等方面最为常用的一款软件。

图 5.2   3D Max 软件示例

◆ Maya：Autodesk Maya 是美国 Autodesk 公司出品的三维动画软件，是电影级别的高端制作软件（图 5.3）。相对于 3D Max，Maya 在角色制作、角色渲染真实性上"声名赫赫"。Maya 与建模、数字化布料模拟、毛发渲染、运动匹配技术相结合，更广泛地应用于角色动画制作。

◆ Blender：Blender 是一款开源的跨平台全能三维动画制作软件（图 5.4），提供从建模、动画、材质、渲染，到音频处理、视频剪辑等一系列动画短片制作解决方案。

◆ Houdini：Houdini 是一款三维计算机图形软件，由加拿大 Side Effects Software Inc（简称 SESI）公司开发，是创建高级视觉效果的有效工具（图 5.5）。这个软件是纯节点式软件，进行建模、动画制作、毛发处理、流体设计、动力学设计等时，都可以不用换平台，广泛地应用于特效制作。

◆ Zbrush：ZBrush 是由 PixologicTM 在 1999 年开发推出的一款划时代的、数字雕刻和绘画软件（图 5.6）。ZBrush 软件的出现完全颠覆了过去传统三维设计工具的工作模式，解放了艺术家们的双手和思维，告别了过去那种依靠鼠标和参数来创作的模式，完全符合设计师的创作灵感和传统工作习惯。

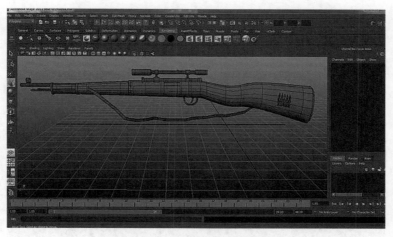

图 5.3　Maya 软件示例

图 5.4　Blender 软件示例

图 5.5　Houdini 软件示例

117

图 5.6　ZBrush 软件示例

◆ Lumion：Lumion 是由 Act-3D 开发的一款建筑可视化软件（图 5.7）。相比于以上几款软件，Lumion 是一个实时的 3D 可视化软件，基于平台式的软件可以方便使用者快速创建表现场景与效果，强大的渲染引擎支持即时渲染输出，更适合初学者运用。

图 5.7　Lumion 软件示例

5.3　Lumion 基本功能介绍

本章内容主要以 Lumion6.0 版本为主，其他版本软件与本版本存在略微差异。

5.3.1　Lumion 的界面菜单

Lumion 采用图形化界面，其初始化界面主要由语言栏、导航栏、辅助设置栏构成（图 5.8）。

1）语言栏

语言栏位于软件界面正上方，主要用于切换软件使用基础语言，点击进行语言选择和

图 5.8　Lumion 软件初始界面

切换。

2）导航栏

导航栏中按钮从左到右依次为新建场景、输入范例、输入场景、读取场景及模型。

新建场景面板中提供了 9 种不同的地貌和天气场景，单击即可建立相应的场景文件（图 5.9）。

图 5.9　Lumion 新建场景选择

输入范例面板内集成了官方提供的多个不同类型的场景，单击任意一个场景的缩略图，可打开相应的范例场景（图 5.10）。

曾经在本计算机中编辑并保存过的场景，Lumion 会存储在输出场景面板中，通过此面板选择并激活相应的场景，单击场景缩略图进入场景。

3）辅助设置栏

图 5.10 Lumion 范例场景选择

该菜单中的参数主要用于对软件的操作方式、显示精度、图形单位等进行设置。基础设置栏从左到右的图标依次如图 5.11 所示。

图 5.11 Lumion 软件辅助设置功能

◆ 在显示器中显示高品质植被：默认未激活，激活后将显示高品质植被纹理效果。

◆ 平板电脑输入开关：默认未激活，激活后开启触屏电脑模式。

◆ 反转相机平移时的上下方向：默认未激活，此时鼠标与摄像机的移动方向相反；激活后，鼠标与摄像机的移动方向相同。

◆ 在编辑器中显示高品质地形：默认未激活，激活后将显示高品质地形结构及纹理效果。

◆ 限制贴图尺寸：默认未激活，激活后场景贴图像素被限制在 512×512 像素，进而控制影像最终输出效果。

◆ 静音：静音按钮，编辑器中激活。

图形设置如下：

◆ 图形质量：控制图像显示的精度，一颗星效果最低，四颗星效果最高，但占用内存及显卡资源。

◆ 图形分辨率：4 种百分比值代表了 4 种不同的软件显示分辨率，可根据计算机配置自动为电脑匹配，100% 为最佳分辨率。

120

◆ 单位设置：M 为公制单位，FT 为英制单位。

4）Lumion 场景编辑主界面

选择【导航栏】→【新建场景】，进入场景，Lumion 的场景编辑（图 5.12）主要由输入系统及输出系统构成。

图 5.12　Lumion 场景编辑主界面

5.3.2　场景基本操作

Lumion 场景的操作主要由键盘及鼠标控制，快捷键按钮如下：

◆ 移动键，前进：快捷键 W。

◆ 移动键，后退：快捷键 S。

◆ 移动键，向左平移：快捷键 A。

◆ 移动键，向右平移：快捷键 D。

◆ 移动键，向上抬升：快捷键 Q。

◆ 移动键，向下下降：快捷键 E。

◆ 水平原地旋转：鼠标右键。

◆ 加速移动：Shift+W/S/A/D。

◆ 缓慢移动：Space+W/S/A/D。

场景主要元素由输入系统提供，输入系统（图 5.13）主要由天气系统、景观系统、材质编辑、物体系统四个模块构成。

图 5.13　Lumion 主要输入系统

5.3.3　天气系统

天气系统（图 5.14）主要由太阳方位、太阳高度、云层浓度、光照强度、云层类型五个板块构成。

图 5.14　Lumion 天气系统

- ◆ 太阳方位：控制太阳的东西南北方位。
- ◆ 太阳高度：控制太阳高度，实现从黑夜到白天的转换。
- ◆ 云层浓度：控制云量的多少。
- ◆ 光照强度：控制阳光强度，数值越大，环境越亮，可按住 Shift 键进行微调。
- ◆ 云层类型：通过点击激活窗口，选择不同类型的云层效果。

5.3.4　景观系统

景观系统主要用于建立地形、水体、海洋，以及导入地形和对地面材质和地貌类型进行调整。景观系统从左到右依次由地形修改、水体、海洋、地面材质、高级地形、草丛 6 个部分构成（图 5.15）。

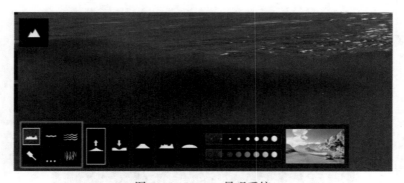

图 5.15　Lumion 景观系统

1）地形修改

地形修改（图 5.16）由地形编辑、笔刷调整、地貌调整 3 个部分构成。

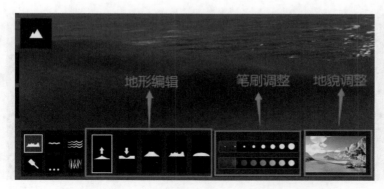

图 5.16　Lumion 景观系统——地形修改工具

（1）地形编辑：

地形抬升：激活按钮，光标会变成圆形笔刷，按下鼠标左键不放并拖拽，可以抬升地形。

地形下降：操作同上，激活按钮，使地面下降。

地面平整：用于将笔刷范围里的地形高度差向同一高度整平。

地面噪波：使地面产生地表上下不均匀起伏的效果。

柔化地表：使地面高差起伏变得光滑。

（2）笔刷调整：

控制笔刷的大小及强弱，上排控制笔刷大小，下排控制笔刷强弱。

（3）地貌调整：

点击地貌按钮，打开地貌系统列表。列表中集合了很多地面的缩略图，包括雪地、沙漠、砂石、草地等，单击缩略图将场景变更为相应的地貌（图 5.17）。

图 5.17　Lumion 景观系统——地貌调整工具

2）水体

通过水体工具（图 5.18），可以在地形上绘制水体效果（图 5.19）。

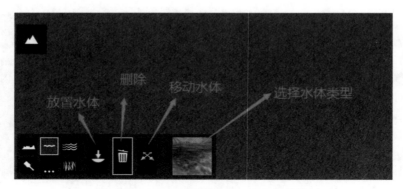

图 5.18　Lumion 景观系统——水体工具

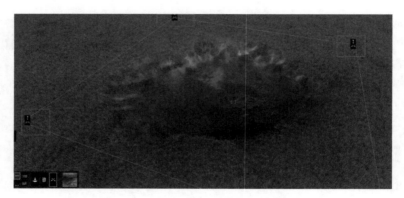

图 5.19　Lumion 景观系统——水体效果

放置水体：在地形上绘制一凹形地表，点击放置水体按钮，在窗口中拖出一方形水体。

通过移动水体按钮及删除按钮，点击拖拽水体四角的按钮，改变水体位置（水平、高度）及删除水体。

通过水体选择类型按钮，激活选择列表，更改水体类型。

3）海洋

通过【ocean on/off】按钮，开启或关闭海洋模式。激活后，通过海洋参数子面板调整海洋类型、风速、海浪强度、浑浊度等参数（图 5.20）。

4）地面材质

主要用于调整地形材质，可以为一个地形添加 4 种不同类型的材质（图 5.21）。

首先选定并激活一个材质笔刷，调整笔刷强度和硬度，然后激活材质库面板，选择材质类型，选择后鼠标左键并拖拽鼠标，在地形上涂抹修改（图 5.22）。

5）高级地形

图 5.20　Lumion 景观系统——海洋效果

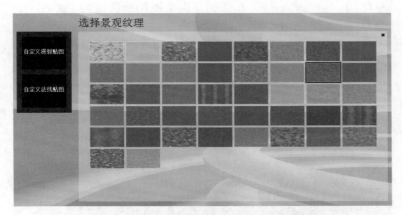

图 5.21　Lumion 景观系统——地面材质选择

图 5.22　Lumion 景观系统——地面材质效果

高级地形工具（图 5.23）用于快速调整和生成地形。工具栏从左到右依次为快速整平、生成低山、生成高山、导入地形贴图、导出地形贴图、开启岩石、选择景观。

图 5.23　Lumion 景观系统——高级地形工具

- ◆ 快速整平：快速抹去地形高差。
- ◆ 生成低山：在场景中随机生成低矮的山丘。
- ◆ 生成高山：在场景中随机生成高山或连绵的山脉。
- ◆ 导入地形贴图：导入表示地形起伏的灰度贴图用于转换为地形。
- ◆ 导出地形贴图：将已经做好的地形转换为黑白贴图。
- ◆ 开启岩石：开启或关闭山顶部岩石效果。
- ◆ 选择景观：选择山地景观类型。

6）草丛

草丛工具（图 5.24）用于在地形上快速生成成片的草丛效果，低版本没有此项功能。开启后可根据中文提示进行草丛效果的调节。

图 5.24　Lumion 景观系统——草丛工具

5.3.5　材质编辑系统

材质编辑系统主要用于将导入场景的模型进行材质编辑，选择导入场景的模型构件，激活材质编辑按钮，进入材质编辑面板，可以改变模型材质。

在材质库中，自定义面板从左至右依次为公告板，纯色，玻璃、高级玻璃，不可见，景观，照明贴图，输入材质、标准（图 5.25）。

1）公告板

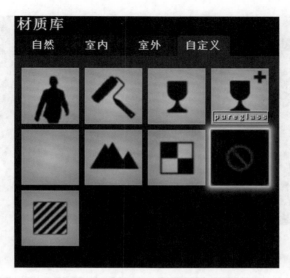

图 5.25　Lumion 材质编辑工具

无作用。

2）纯色

选择一个模型，点击材质库中纯色，给模型添加一个纯色，通过色彩选择器改变颜色（图 5.26）。

图 5.26　Lumion 材质编辑——纯色材质

3）玻璃、高级玻璃

将模型材质调整为玻璃效果，可以通过详细参数调整玻璃效果（图 5.27）。

4）照明贴图

改变贴图模型是照明贴图模式（图 5.28），使材质可以进行自发光照明。

图 5.27　Lumion 材质编辑——玻璃、高级玻璃材质

图 5.28　Lumion 材质编辑——照明贴图

　　5）输入材质

　　输入材质（图 5.29），可以改变导入模型自带的材质贴图。点击【输入材质】按钮，激活输入材质，然后点击室外、室内材质库，进入材质库选择一个材质类型，在此类型下选择具体的材质样式，点击后为模型添加该材质，双击该材质球，进入调节模式，可以调整赋予材质的详细参数（图 5.30）。

　　6）标准

　　通过标准材质（图 5.31）可以对输入模型自身贴图材质进行调节，点击【设置】按钮，激活 4 个高级属性，调整贴图的位置、角度、自发光等高级材质属性。

5.3.6　物体系统

　　物体系统（图 5.32）主要用于为场景添加系统自带的动物、植物、建筑等组件，以及外部导入的模型组件。其主要由三部分构成，分别是组件、操作、属性编辑。

　　1）组件

图 5.29　Lumion 材质编辑——输入材质

图 5.30　Lumion 材质编辑——输入材质效果

图 5.31　Lumion 材质编辑——标准材质

组件主要用于为场景添加模型，点击任意按钮，进入其模型库，在库中选择模型添加到场景中（图 5.33）。

点击选择导入组件的类型，然后点击右边模型库（图 5.34），在库中选择相应模型，放置进入场景（图 5.35）。

图 5.32　Lumion 物体系统主界面

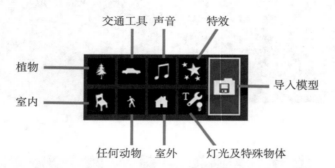

图 5.33　Lumion 物体系统主要组件

图 5.34　Lumion 物体系统主要组件示例——树木选择

图 5.35　Lumion 物体系统主要组件示例——树木放置

2）导入模型

点击【导入模型】按钮可以导入其他软件所生成的模型文件（图 5.36），支持 3D Max、Maya、Sketchup 等多种软件的数据，支持包含 .fbx、.obj、.dae 等多种格式。导入后的模型会存储在导入模型库中方便以后调用。

图 5.36　Lumion 物体系统——导入模型

3）操作

模型导入后，可以通过操作面板，对模型进行移动、高度调整、旋转、缩放等调节（图 5.37）。

图 5.37　Lumion 物体系统——模型位置信息调整

选中同组件属性下的模型，点击相应按钮进行调整。

注意：如果要使用该工具，必须先激活所需要调整模型所在的组件后，方可进行操作。例如：如果需要调整树，先要激活植物组件；如果要调整汽车，需要先激活交通工具组件，在相对应的模式下进行调整。

4）属性编辑

属性编辑，可以针对所选择物体编辑其自带基本属性，点击【编辑属性】按钮，选择需要编辑的物体（注意：选择需要点击物体下方的圆点图标，图标代表该物体），然后弹出属性面板，对属性进行修改（图 5.38）。

图 5.38　Lumion 物体系统——模型属性信息调整

属性编辑中，还可以针对多个物体进行关联调整，具体方式为：点击【关联】菜单，进入关联调整模式，可以批量调整相关联属性的物体（图 5.39）。

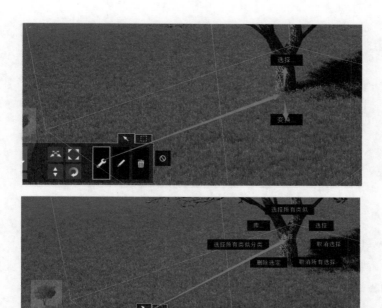

图 5.39　Lumion 物体系统——模型属性编辑效果

5.3.7　输出系统

输出系统（图5.40）用于对场景进行图像输出、动画输出、设置、回到主菜单等操作。

图 5.40　Lumion 输出系统

1）编辑模式

编辑模式作用：当处于输出系统其它模式时，返回场景编辑（图5.41）。

图 5.41　Lumion 输出系统——编辑模式

2）拍照模式

拍照模式（图 5.42）用于输出静态影像，点击【拍照模式】按钮进入拍照菜单，菜单左边特效面板用于给影像添加特殊效果，中间下部用于设置尺寸信息等。

图 5.42　Lumion 输出系统——拍照模式

在拍照模式的特效菜单中，可以为照片影像添加光照、雨雾特效、模糊等若干种特效模式，如添加下雪效果（图 5.43）。添加的特效只影响最终输出，并不影响编辑器中的场景效果。

文件，用于对当前场景进行存储。点击【文件】按钮，进入存储面板，为场景添加名称，点击对勾按钮进行保存（图 5.44），文件保存在 Lumion 安装目录下 Scenes 场景文件夹内。

3）动画模式

动画模式（图 5.45）用于渲染场景动画，具体操作为点击【动画模式】按钮，进入动画编辑面板，点击【录制】按钮，进入录制模式。

在录制模式内，点击【中间拍摄照片】按钮，拍摄动画起始帧及结束帧，起始帧和结束帧之间所存储的影像自动生成一段动画。通过焦距调节滑块，实现近、中、远焦距效果，通过设置动画时长来控制时间长短（图 5.46）。

动画设置完成后，点击对勾按钮，返回到原界面。点击从动画片段创建视频，选择输出 MP4 格式或是图形序列帧，设置相关输出参数后，点击对勾确认按钮，指定输出位置进行输出（图 5.47）。

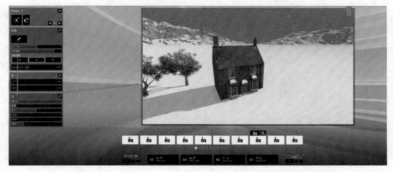

图 5.43 Lumion 输出系统——特效拍照模式

图 5.44 Lumion 输出系统——导出保存

图 5.45 Lumion 输出系统——动画模式

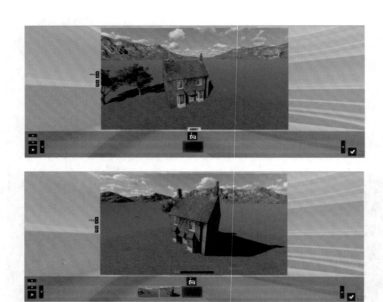

图 5.46　Lumion 输出系统——动画视角调整

图 5.47　Lumion 输出系统——输出参数设置

参数解释：

◆ 最终输出质量：星数越高输出质量越高，渲染时间越长。

◆ 每秒帧数：设置 1 秒有多少序列帧，国内为每秒 25 帧，国外为每秒 30 帧。

◆ 分辨率：360P 分辨率为 640×360 像素，720P 分辨率为 1280×720 像素，1080P 分辨率为 1920×1080 像素，1440P 分辨率为 2560×1440 像素，分辨率越高渲染时间越长。

◆ 用户输入：设置渲染出颜色贴图、景深通道、灯光贴图、法线通道等。

5.4 制作 3D 动画示例

本章内容以别墅环境为案例，详细讲解 Lumion 动画制作全流程。

5.4.1 导入模型

开启软件，进入 Lumion 界面，选择一个合适的新场景，点击进入场景（图 5.48）。

图 5.48 新建场景

进入场景后，选择【输入系统】→【物体系统】→【组件】中，再点击导入，导入新模型，选择预先准备好的模型文件（用 3D Max、Sketchup 等其他软件制作的模型）。导入模型后，将模型放置在场景中（图 5.49）。

模型导入后，注意需要将模型保存，以免因软件等其他问题导致场景丢失。

5.4.2 添加配景

添加配景是根据场景需求添加植被、地形、水景等效果（图 5.50）。添加配景时，可开启场景左上角的图层管理，将不同属性物体归置到不同图层，以便后期对场景素材进行管理。

1. 添加水景

首先，选择【景观系统】→【地形修改】→【地形编辑】中，选择降低高度工具，设置合适大小的笔刷和强度，在需要添加水景的位置挖出一块凹地（图 5.51）。

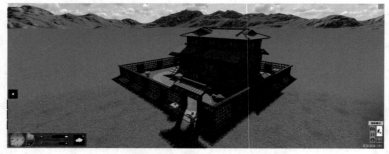

图 5.49 场景导入主模型

图 5.50 Lumion 场景效果

图 5.51 场景地形调整

单击【景观系统】→【地形修改】→【水】，选择合适水的类型，在凹地上放置水平面，移动位置及高度，设置合适的水景效果（图 5.52）。

图 5.52　场景添加水景

2. 添加植被

1）添加高层植被

为场景添加高层植被，可以在场景左上角设置图层，再修改图层名称，将高层植被归置在同一图层中方便管理。

添加植物，可以采用人群安置工具，批量设置树木。在【植被组件】→【放置】按钮下方，激活【人群安置】按钮，制定安放起点和重点，调整随机值，进行群体植被添加（图 5.53）。

图 5.53　场景添加高层植被

2）添加中层植被

用同样的方法添加中层植被，主要以小乔木、灌木为主（图 5.54）。

图 5.54　场景添加中层植被

3）添加庭院内小灌木

以同样方式添加低层植被，注意颜色比例搭配协调（图 5.55）。

图 5.55　场景添加低层植被

4）添置草本植物、花丛

以同样的方式进行草本植物、花丛添加（图 5.56）。

图 5.56　场景添加草本植被

5）为水景添加岩石、配景

以同样的方式进行岩石、配景的添加（图 5.57）。

图 5.57　场景添加配景

5.4.3　调整环境

通过输入系统中的天气系统对场景环境、光照等进行调节，营造场景氛围（图 5.58）。

图 5.58　场景配景天气系统

5.4.4　静帧出图

点击场景右下角输出系统，点击拍照模式，进入拍照菜单（图 5.59）。

图 5.59　场景拍照出图

拍照模式面板下，窗口左边特效面板，可以为静帧图像添加特效。通过特效模式改变效果，营造氛围，如添加雪景、下雨、体积光、云雾效果等（图 5.60）。

图 5.60 场景拍照特效一

配置完成后，点击【输出】，输出成为静帧图像（图 5.61）。

图 5.61 场景拍照特效二

5.4.5 输出一段动画

在场景右下角输出系统中，点击【动画模式】，进入动画输出面板（图 5.62）。

点击【录制】，进入录制面板，设定动画起始帧以及结束帧，设置动画质量，进行输出。

图 5.62　场景动画特效

设置起始帧（图 5.63）。

图 5.63　场景动画起始帧设置

设置结束帧（图 5.64）。

图 5.64　场景动画结束帧设置

点击【输出动画】，设置成品质量、帧数等参数（图 5.65）。

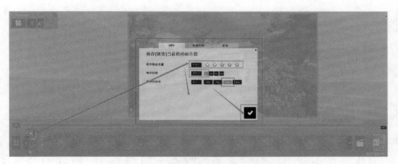

图 5.65 场景动画导出参数

开始输出（图 5.66）。

图 5.66 场景拍照特效

5.5 本章小结

通过本章内容，以制作别墅环境为案例，详细地介绍了模型导入、场景配景添加、环境调整、静帧输出、动画输出等操作步骤。通过这些内容的学习和思索，可以基本了解 Lumion 动画制作的全流程，更深入的细节内容还需要更深入的学习。

第 6 章　3D 模型在线发布

随着 3D 技术在 Web 领域的应用，带来了用户体验质的飞跃。前端作为业务的主力军，3D 技术的进步也在不断塑造前端业务新形态。精细的 3D 仿真模型展示让用户不在现场也能了解产品细节，AR/VR 技术在住房家装乃至医疗诊断领域的广泛应用，使得虚拟试衣、远程诊断成为用户日常使用的功能。正是因为 Web 图形 API 的发展，使得在 Web 端有了操纵图形的能力，才能做出这么多有趣新奇的互动产品。

传统的 HTML 和 CSS 可以说是应用最广泛的图形技术了，但是对于复杂图形来说，这两种技术维护成本很高，性能开销大。SVG 放大缩小不降低质量，在一定程度上弥补了 HTML + CSS 的不足，但它的最小单元是图形，而非像素，细节处理能力不足。Canvas2D 就是较为常用的 <canvas> 标签，它调用绘图指令直接在页面上绘制图形，并且表现力深入到像素级。但到这里还只在二维的世界里，直到 2011 年发布的 WebGL 的 1.0 标准规范。相对于 Canvas2D，WebGL 不仅仅是增加了一个 z 轴，而是更加底层的图形编程技术。WebGL 是基于 openGL 在浏览器实现，利用了 GPU 并行处理的特性，可以渲染各种复杂的 2D 和 3D 图形。这也使它在处理大量数据展现的时候，性能大大优于之前的技术。WebGL 是基于 openGL 在浏览器中实现的，现代 GPU 硬件技术的飞速发展无法在它身上反映，因此苹果公司提出了基于 Vulkan、Metal 和 Direct3D 12 的 WebGPU。最新技术 WebGPU 可以看作下一代 WebGL（图 6.1）。

图 6.1　网页端图形技术发展

6.1 Web3D 技术与主要图形库

6.1.1 Web3D 技术简介

建立模型就是为了理解事物而对事物做出的一种抽象，是对事物的一种无歧义书面描述。通过 Web3D 技术的三个基本步骤（第一步：上传模型；第二步：编辑模型，并保存发布；第三步，查看模型，可以直接进行交互）就可以展现模型，同时有着很强大的交互效果，可以调整模型面数、材质模式、贴图规范、灯光，以及相机等参数。Web3D 沉浸感强，用户浏览时没有视角死区。浏览者可以通过鼠标任意放大缩小、随意拖动。同时 Web3D 能够 360° 全景展示数据，对硬件要求不高，用户只需上网打开网页就能观看。Web3D 有着高清晰度的全屏场景，能够让细节更加完美地展示出来。总而言之，Web3D 技术是一种先进的、极具潜力的技术。它将改变我们对于虚拟三维环境的认识，为用户带来全新的体验。Web3D 技术是一种高效、简单、先进的三维创作方式。

随着无人机与计算机软件和硬件技术的发展，3D 模型的应用越来越普及。相对于 2D 模型，3D 模型能够让用户多一个角度观察目标，可以对其创建真实感的渲染效果，直观体验更好，应用范围更广。目前，3D 模型的使用与查看主要采用专业软件平台或者自行开发的桌面版可视化软件来实现，现在的桌面版 3D 模型交互软件非常多，并且都具有非常强大的功能，能够在 3D 领域得到广泛应用。行业内常用的 3D 软件主要有 Sky Line、SuperMap 和 ArcGIS Pro、Blender、3D Max、Maya、SketchUp 等（图 6.2）。但是这些软件通常是供专业人士使用的，操作比较复杂，普通用户难以掌握。

图 6.2 部分 3D 软件

147

　　Web3D 技术是实现网页中虚拟现实的一种最新技术，VRML 是互联网 3D 图形的开放标准，以及 3D 图形和多媒体技术通用交换的文件格式，其基于建模技术，描述交互式的 3D 对象和场景，不仅应用在互联网上，也可以应用在本地客户系统中，应用范围极广。Web3D 的优点在于它可以在网络浏览器中运行，因此不需要用户安装任何额外的软件，这使得它能够被广泛用于各种场景，包括教育、娱乐、工业设计、医学等。Web3D 技术支持多种三维模型格式，例如 VRML、X3D 等，这使得开发者可以创建出逼真的三维环境。此外，Web3D 还支持丰富的交互功能，例如拖拽、缩放等，用户能够更好地体验三维环境。

　　近年来，网络媒体对图形图像处理和视频技术等提出了更高的要求，各个 3D 图形公司陆续推出了自己的 Web3D 制作工具，使 Web3D 虚拟现实技术的操作更加简单，使用更加便捷。3D 模型发布不需要在客户端安装复杂的 3D 软件，用户只需要输入网址进入系统，上传自己的 3D 模型，便可以在浏览器中进行浏览和操作。

　　WebGL（Web Graphics Library）是一种 3D 绘图协议，这种绘图技术标准允许把 JavaScript 和 OpenGL ES2.0 结合在一起，通过增加 OpenGL ES 2.0 的一个 JavaScript 绑定，WebGL 可以为 HTML5 Canvas 提供硬件 3D 加速渲染，这样 Web 开发人员就可以借助系统显卡在浏览器里更加流畅地展示 3D 场景和模型，还能创建复杂的导航和数据视觉化。显然，WebGL 技术标准免去了开发网页专用渲染插件的麻烦，多用于创建交互式展示，如用于创建具有复杂 3D 结构的网站页面。基于网页游戏、可视化、虚拟现实（VR）和混合现实（MR）应用程序，WebGL 被用于多个行业，如游戏、工程、数据分析、地理空间分析、科学和医学可视化与模拟等。

　　3D 模型发布一般是客户端通过 Web 浏览器导入或加载模型，服务器接收其请求，并将模型传送到客户端，然后客户端的浏览器通过 WebGL 加速渲染模型，形成三维场景，如图 6.3 所示。

图 6.3　3D 模型发布软件结构设计

6.1.2　Web3D 图形库

　　目前各行业大多采用基于 WebGL 实现的 3D 引擎进行开发，面向基于 WebGL 技术封装的 Web3D 图形库主要包括 Three.js、Babylon.js、Scene JS、KickJS、ClayGL、PlayCanvas、WebGLStudio.js、Litescene.js、Luma、A-Frame、X3DOM、Grimoire.js、PixiJS、XeoGL、Curtains JS、PhiloGL、Sovit3D 等框架。

　　Three.js 是最著名的 3D WebGL JavaScript 库，成千上万的开发人员利用它制作基于 WebGL 的游戏、网站、模型（图 6.4）。它有数百个演示和示例、丰富的教程库和强大的社区，常被用作许多 WebGL 图形引擎和几个浏览器游戏引擎的基础，同时它还具有强大的轻量级在线编辑器。

图 6.4 Three. js 官网示例

  Babylon. js 是一个强大、简单、开放的游戏和渲染引擎,打包在一个友好的 Javascript 框架中(图 6.5)。其为 JavaScript 开发人员提供了简单的 API,以及丰富的文档和教程,用于构建 HTML5、WebGL、WebVR 和 Web Audio 的 3D 游戏和体验。Babylon. js 有着强大的编辑器、强大的节点编辑器,将复杂的材质系统可视化。基于 NATIVE 跨平台原生应用部署可以用原有的 Babylon. js 代码在任意平台构建一个原生应用,充分释放本机设备的性能优势。Babylon. js 同时支持先进的 WEBXR 技术,针对更高级用户的专用会话管理器,利用 Babylon 的相机功能来承载 WebXR 技术,全面支持任何接受 WebXR 会话的设备,完整的 WebXR 输入源支持,关于实验性 AR 功能、通信、场景交互、物理效果的整套 API 支持等。

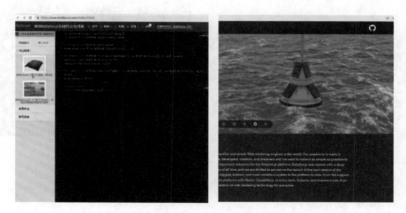

图 6.5 Babylon. js 官网示例

  KickJS 是一个开源(BSD 许可证)的 WebGL 游戏引擎和 Web 3D 图形库,专为现代 Web 浏览器构建(图 6.6)。它为新开发人员提供了简单的学习曲线,因为它带有丰富清晰的文档、教程和游戏示例。作为游戏引擎,KickJS 支持鼠标、键盘和游戏手柄控制器。

它为开发人员提供了多种工具，包括着色器编辑器、模型工具、扩展查看器，以及一些具有清晰代码的游戏示例。

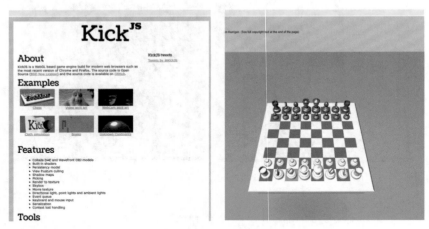

图 6.6　KickJS 官网示例

ClayGL 是一个用于构建可伸缩 Web3D 应用程序的 WebGL 图形库（图 6.7），例如在真实的地图上绘制交互式 3D 街道地图。ClayGL 易于使用，可配置为高质量图形。得益于模块化和树形抖动，对于一个基本的 3D 应用程序，它可以缩小到 22K（gzip）。

图 6.7　ClayGL 官网示例

6.1.3　3D 可视化基础组件

在一般的 3D 可视化过程中都会涉及场景、相机、灯光、模型、变换等基础组成。

1. 场景

场景，通俗来说就是一个空舞台，可以有多个场景，但只有一个场景是激活的。另一个对视觉效果有极大改变的是场景背景。场景背景可以是纯色的，也可以是天空模式。天空可以是由 6 个纹理组成的立方体天空盒，也可以是 HDR 全景图等。

2. 相机

相机是一个概念的抽象，一般把三维空间内的场景变换到屏幕画布的这个三维投影的过程抽象成为相机。想象三维空间中有一个点是相机，从这个点放射出去形成区域，规定能看到的最远距离是到远裁剪面，最近距离是到近裁剪面，在两者之间的形状就是所谓的视锥体，在屏幕上看到的就是视锥体范围内的物体，不在视锥体范围内的物体会被剪裁，不会呈现在屏幕上。除了近裁剪面、远裁剪面，影响这个视锥体形状的还有视角 FOV，即在竖直方向上的夹角，以及成像屏幕的高宽比（图 6.8）。相机有透视投影相机和正交投影相机两种。透视投影跟人眼看到的世界是一样的，近大远小；此处的视锥体也是根据这个来讲的。正交投影则远近都是一样的大小，三维空间中平行的线投影到二维空间也一定是平行的。大部分场景都适合使用透视相机。

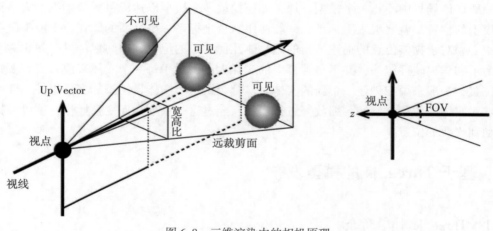

图 6.8　三维渲染中的相机原理

3. 灯光

灯光可以分为两大类，一种是直接照明，有平行光、点光源、聚光灯这三种；另一种是间接光照（环境光）（图 6.9）。一般场景只需要使用默认的环境光就可以了，如果环境光无法满足需求，可以适当地添加平行光和点光源来补充光照细节。出于性能考虑，尽量不要超过 4 个直接光。

4. 模型

模型是由两部分构成的，即材质和网格。经典材质有 Unlit 材质（仅使用颜色与纹理渲染，不计算光照）和 PBR 材质（Physically Based Rendering，遵循能量守恒，符合物理规则，渲染效果真实）。材质决定了物体和光的关系，纹理作为材质的一个重要属性，决

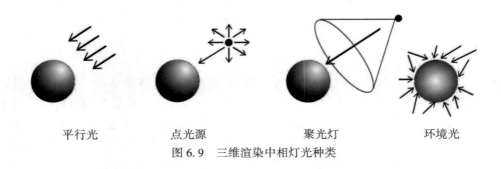

平行光　　　　点光源　　　　　聚光灯　　　　环境光

图 6.9　三维渲染中相灯光种类

定了模型身上的图案。图片、canvas 画布、原始数据、视频等都可以用来当作纹理。考虑到要平衡总体效果和性能，可以局部使用 PBR 材质，大部分使用 Unlit 材质。

5. 变换

一般来说场景中不止一个模型，那么如何摆放多个模型以达成目标效果呢？为了描述这些模型的位置，就要引入坐标系，一般使用右手坐标系。坐标系的原点位于渲染画布的几何中心。对于物体位置的描述，指的是物体几何中心的位置。空间单位可以简化为 1m，它是为了和建模软件统一，并不是屏幕上的实际大小。对于每一个实体来说，都需要知道它的位置，一般来说在创建一个新的实体时，都会给这个实体自动添加变换组件。变换组件能够对实体的位移、旋转、缩放等进行操作，经过这一系列几何变换操作，就可以把模型移动到想要的位置。

6.2　基于 Three.js 的模型发布

6.2.1　Three.js 引擎简介

Three.js 是一款运行在浏览器中的 3D 引擎，是一种基于原生 WebGL 封装运行的第三方辅助图形库，包括了摄像机、光影、材质等各种对象，使用 JavaScript 编写，能提供非常多的 3D 显示功能。在所有的 WebGL 引擎中，Three.js 是目前国内资料最多、使用范围最广泛的三维引擎。在浏览器端，WebGL 是一个底层的标准，在这些标准被定义之后，不同浏览器实现了这些标准。然后，就能够通过 JavaScript 代码在网页上实现三维图形的渲染，Three.js 封装了底层的图形接口，更容易用来实现 3D 模型操作程序。

它提供了一套基于 WebGL 的、非常易用的 JavaScript API，能够简易而直观地创建 3D 图形中的常见物体。它使用了很多最佳实践的图形引擎技术，渲染速度很快。它还内置了多种类型的对象和方便的工具，不仅简化了开发的步骤，减轻了开发者的负担，而且功能非常强大。Three.js 同样也是国内文献资料最多、使用范围最广泛的三维引擎。

Three.js 包括如表 6.1 所示的特性。

表6.1	Three. js 特性
1	效果：浮雕，对眼和视差屏障
2	场景：在运行时添加和删除对象；雾
3	镜头：视角和正字法；控制器：轨迹球、FPS、路径等
4	动画：电枢、运动学、逆运动学、变形和关键帧
5	灯光：环境、方向、点和点光；阴影：投射和接收
6	材料：Lambert、海防、光滑阴影，纹理和更多
7	材质：访问完整的 OpenGL 着色语言（GLSL）；能力：镜头光晕，经过深入而广泛的后置处理库
8	对象：网格、粒子、精灵、线、带、骨头和更多-所有细节层次
9	几何：平面、立方体、球体、圆环、3D 文本等；修改器：车床、挤压和管
10	数据加载器：二进制、图像、JSON 和场景
11	事业：全套时间和三维数学函数包括锥、矩阵、四元、UVs 等
12	输入输出：three. js-compatible JSON；文件：Blender, openctm, FBX, Max, OBJ
13	支持：API 文档正在建设中，公共论坛和维基全面运作
14	例子：超过 150 个文件的编码例子加字体、模型、纹理、声音和其他支持文件
15	调试：Stats. js、WebGL 检查员、Three. js 检查员

　　一个典型的 Three. js 程序如图 6. 10 所示，其中至少要包括场景（Scene）、渲染（Renderer）、照相机（Camera），以及需要在场景中创建的物体。Three. js 中的场景是一个物体的容器，开发者可以将需要的角色放入场景中。相机的作用就是面对场景，在场景中取一个合适的景，把它拍下来。渲染器的作用就是将相机拍摄下来的图片，放到浏览器中去显示。

　　Three. js 中场景只有一种，用 THREE. SCENE 来表示，即 var scene = new THREE. Scene（）。在 Three. js 中添加的物体都是添加到场景中的，因此场景是所有物体的容器，如要显示一个模型，就需要将模型对象放入场景中。

　　在 Three. js 中内置了很多渲染器，选择什么渲染器根据需求进行判断，渲染器决定了渲染的结果应该画在页面的什么元素上，并且以怎样的方式来绘制，定义一个 WebRenderer 渲染器的代码如下：

```
var renderer = new THREE. WebGLRenderer( );
renderer. setSize( window. innerWidth, window. innerHeight);
document. body. appendChild( renderer. domElement);
```

WebGL 和 Three. js 使用的坐标系都是右手坐标系，即右手伸开，拇指为 X，四指为 Y，手

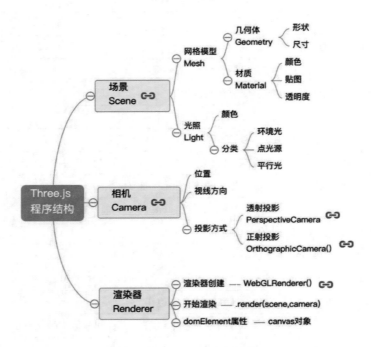

图 6.10　Three.js 程序结构

心为 Z。相机就像人的眼睛一样，人站在不同的位置，能够看见不同的景色，相机就决定了哪个角度的景色会显示出来。在 Three.js 中有多种相机，其中透视相机（THREE.perspectiveCamera）使用最多，定义一个相机的代码如下：

```
var camera = new THREE. PerspectiveCamera
(75, window. innerWidth/window. innerHeight, 0. 1, 1000);
```

将物体添加到场景中,代码如下：

```
var geometry = new THREE. CubeGeometry(1,1,1);
var material = new THREE. MeshBasicMaterial({color：0x00ff00});
var cube = new THREE. Mesh(geometry, material);
scene. add(cube);
```

渲染需要使用渲染器，并结合相机和场景获得结果的画面。实现渲染功能的函数为 render（）函数，函数原型（scene, camera, renderTarget, forceClear）。scene 表示前面定义的场景；camera 表示前面定义的相机；renderTarget 表明渲染的目标，默认是渲染到前面定义的 render 变量中；forceClear 表示每次绘制之前将画布的内容清除。渲染的方式有实时和离线两种，实时渲染需要不停地对画面进行渲染，即使画面没有改动之处也需要重新进行渲染；离线渲染是指事先渲染好一帧一帧的图片，然后将图片拼接起来。以下为一个渲染循环，其中一个重要的函数是 requestAnimationFrame（命令浏览器去执行一次参数中的函数）：

```
function render( ) {
    cube. rotation. x += 0.1;
    cube. rotation. y += 0.1;
    renderer. render( scene, camera );
    requestAnimationFrame( render );
}
```

Three.js 的工程目录如图 6.11 所示，build 目录下是各个代码模块打包后的结果，主要的两个文件是 Three.min.js 和 Three.js。其中的 Three.js 文件是 html 文件中要引入的 Three.js 引擎库，和引入 jquery 一样，可以辅助浏览器调试；Three.min.js 文件是 Three.js 压缩后的结构文件，体积更小，可以在部署项目的时候在 html 文件中引入。docs 目录下是 Three.js 的帮助文档，里面是各个函数的 api，是打开 index.html 可以实现离线查看 Three.js 的 API 文档。editor 目录下是 Three.js 的可视化编辑器，是一个类似 3D max 的简单编辑程序，可以创建一些三维物体和编辑 3D 场景，点击 index.html 打开应用程序。examples 目录下有大量的 Three.js 案例，平时可以通过代码编辑全局查找某个 API、方法或属性来定位到一个案例。src 目录是源代码目录，里面包含 Three.js 引擎的各个模块，可以通过阅读源码深度理解 Three.js 引擎，打开 index.html 文件可以实现离线查看 Three.js 的 API 文档。Test 目录下包含一些测试代码。utils 目录中存放了一些脚本，python 文件的工具目录。例如将 3D Max 格式的模型转换为 three.js 特有的 json 模型。gitignore 文件是 git 工具的过滤规则文件。CONTRIBUTING.md 文件里面说明怎么报错及怎样获取帮助的说明文档。LICENSE 文件是版权信息。README.md 文件是介绍 Three.js 的一个文件，里面还包含了各个版本的更新内容列表。

在三维渲染中，想要透过摄像机渲染出一个场景，需要用到场景、相机和渲染器等基础组件。

场景：new THREE. Scene ( )。

相机：new THREE. Perspective Camera (75, window. innerWidth / window. innerHeight, 0.1, 1000)；//对应参数意思为视野角度（FOV），近截面（near）和远截面（far）。

渲染器：new THREE. WebGLRenderer ( )。

其中，场景中会有物体和物体的一些属性，需要把属性和物体融合在一起：

const geometry = new THREE. BoxGeometry (0.2, 0.2, 0.2);

名称	修改日期	类型	大小
.github	2023/1/26 22:09	文件夹	
build	2023/1/26 22:09	文件夹	
docs	2023/1/26 22:09	文件夹	
editor	2023/1/26 22:09	文件夹	
examples	2023/1/26 22:09	文件夹	
files	2023/1/26 22:09	文件夹	
manual	2023/1/26 22:09	文件夹	
src	2023/1/26 22:09	文件夹	
test	2023/1/26 22:09	文件夹	
utils	2023/1/26 22:09	文件夹	
.editorconfig	2023/1/26 22:09	Editor Config 源...	1 KB
.gitattributes	2023/1/26 22:09	Git Attributes 源...	1 KB
.gitignore	2023/1/26 22:09	Git Ignore 源文件	1 KB
icon.png	2023/1/26 22:09	PNG 文件	8 KB
LICENSE	2023/1/26 22:09	文件	2 KB
package.json	2023/1/26 22:09	JSON 源文件	5 KB
package-lock.json	2023/1/26 22:09	JSON 源文件	358 KB
README.md	2023/1/26 22:09	Markdown 源文件	3 KB

图 6.11　Three.js 工程目录

const material = new THREE.MeshNormalMaterial ( );

const mesh = new THREE.Mesh (geometry, material)。

融合后的物体加到场景中：scene.add (mesh)。

camera、scene 最终会被 renderer 进行渲染：renderer.render (scene, camera);

渲染器需要加载到窗口中显示：document.body.append Child (renderer.domElement)。

由上使用 Three.js 创建一个转动的正方体，效果和代码如下（图 6.12）：

```html
<! DOCTYPE html>
<html>
<head>
    <title></title>
    <style>canvas { width：100%; height：100%; }</style>
    <script src = " three. js" ></script>
</head>
<body>
    <script>
        var scene = new THREE. Scene( );//构建一个场景

        var camera = new THREE. PerspectiveCamera
```

```
(75, window. innerWidth/window. innerHeight, 0. 1, 1000);//定义一个透视相机

        var renderer = new THREE. WebGLRenderer();//渲染器

        renderer. setSize(window. innerWidth, window. innerHeight);//设置渲染器的大
小为窗口的内宽度,也就是内容区的宽度

        document. body. appendChild(renderer. domElement);//domElement 元素,表示
渲染器中的画布,所有的渲染都是画在 domElement 上

        var geometry = new THREE. CubeGeometry(1,1,1);
//THREE. CubeGeometry 是一个几何体,有 3 个参数:width:立方体 x 轴的长度,height:立
方体 y 轴的长度,depth:立方体 z 轴的深度

        var material = new THREE. MeshBasicMaterial({color: 0x00ff00});

        var cube = new THREE. Mesh(geometry, material); scene. add(cube);
        camera. position. z = 5;

        function render() {//实时渲染,不停循环
            requestAnimationFrame(render);
            cube. rotation. x += 0. 1;
            cube. rotation. y += 0. 1;
            renderer. render(scene, camera);//场景 相机
        }
        render();
    </script>
</body>
</html>
```

6.2.2 基于 Three.js 的简单模型发布示例

Three.js 为开发者提供了一个在线模型编辑器,可以完成对物体的编辑、定位和光源配色等基本功能,这里就采用 Three.js 自带的 editor 实现 3D 模型的发布功能。

1. 代码下载

在 Three.js 的官网 https://threejs.org/,点击左侧导航栏的【download】,下载 Three.js 源码并解压(图 6.13)。

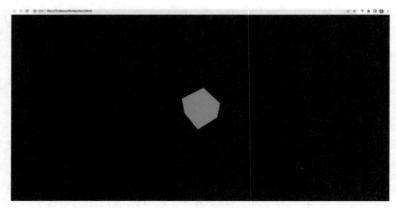

图 6.12　创建目标示例

图 6.13　Three.js 源码下载

2. 可视化编辑器 editor

Three.js 自带可视化编辑器 editor，可以用来发布 3D 模型，editor 现在支持 import 多种文件类型，但是不包括 3D Max 的 .max 文件，只支持输出为 stl、obj 和 json 的数据。editor 文件目录如图 6.14 所示。

3. 本地 IIS 发布网站

安装 IIS 之后，点击【计算机】→【右键管理】→【服务与应用程序】→【Internet 信息服务（IIS）管理器】→【网站】→右键添加网站，利用本地 IIS 发布网站（图 6.15）。

4. 创建网址

添加网站名称，选择所下载的项目存放路径（所下载项目的根目录），配置网站的 IP

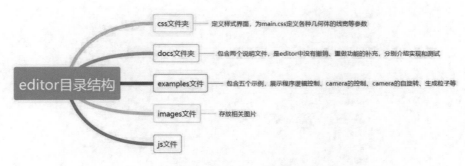

图 6.14　editor 目录结构

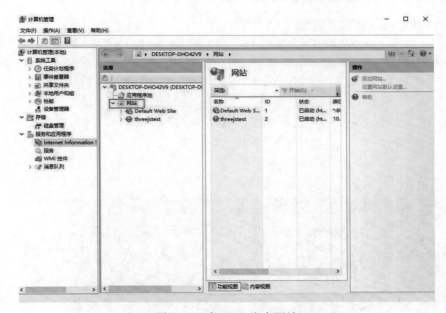

图 6.15　本地 IIS 发布网站

地址和端口，最后点击【确定】按钮（图 6.16）。

5. 部署测试

　　右键点击刚刚部署的网站名称，选择管理网站中的【浏览】。在浏览器中打开刚刚部署的网站，在所设定的网址地址后面添加/editor/index.html，出现如图 6.17 所示画面则说明本地 Three.js 的 editor 可视化编辑器已经在本地部署成功。

6. editor 创建模型

　　editor 中可以设计模型，可向场景中添加各种对象（图 6.18），例如 Box、Capsule、Circle、Cylinder 等。

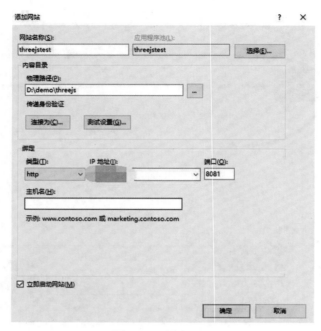

图 6.16　创建网址

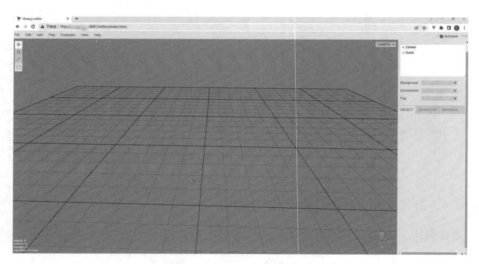

图 6.17　three. js 部署测试

7. 导入模型

选择模型并导入场景中，editor 中支持的外部模型格式包括 obj、dae、gltf 等。选择制作好的模型文件，点击左上角中的【file】→【import】，选择所需要加载的数据进行导入（图 6.19、图 6.20）。

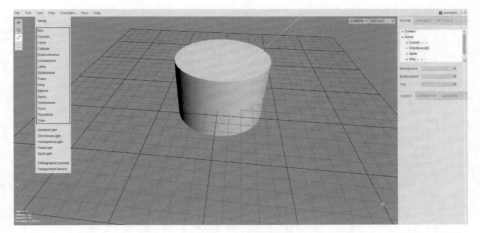

图 6.18　创建模型

图 6.19　模型导入

8. 查看模型

导入成功后，网页右侧的【SCENE】中会显示已经导入的模型名称，双击该模型菜单就可以定位到该模型的具体位置。可以通过鼠标控制场景中的漫游，360°全方位浏览模型。按住鼠标左键拖动，可以将模型进行旋转和翻滚；按住鼠标中键拖动或转动滚轮能够将模型放大或缩小，全方位对模型进行查看。此时导入的模型是黑色的，需要对场景添加灯光效果（图 6.21）。

根据具体的模型选择灯光，加入灯光后，模式就可以正常显示。正常导入并显示的模型如图 6.22 所示。

图 6.20　模型选择

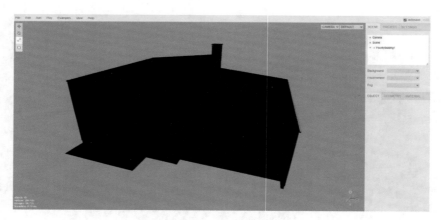

图 6.21　导入的模型

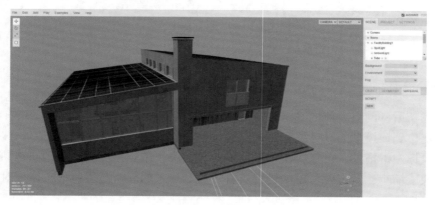

图 6.22　模型显示

9. 材质更改

导入的模型是没有纹理贴图的，需要手动选择图片导入贴图。选择右侧【MATERIAL】中的【Type】，选择所需要的材质类型，Three.js 默认导入的材质是 MeshPhongMaterial，适用于镜面材质。如果需要显示贴图，就需要更换其他材质，图 6.23 中选择的是 MeshMatCapMaterial。

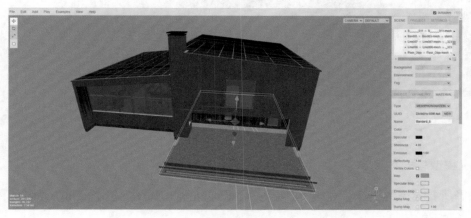

图 6.23　更改材质

10. 添加贴图

点击右侧工具栏【Matcap】，选择贴图文件或材质文件（可以多选），导出成果后勾选前面的选择框即可查看贴图效果（图 6.24，图 6.25）。

图 6.24　模型添加贴图

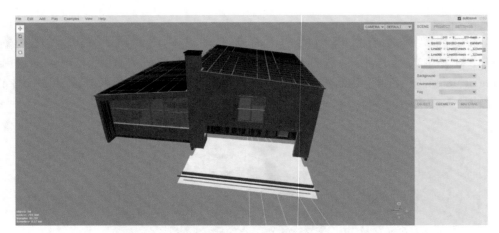

图 6.25　模型展示

11. 模型导出

选择所要导出的目标，点击【File】，可以选择导出 DAE、OBJ、DRC 等多种格式的模型（图 6.26）。

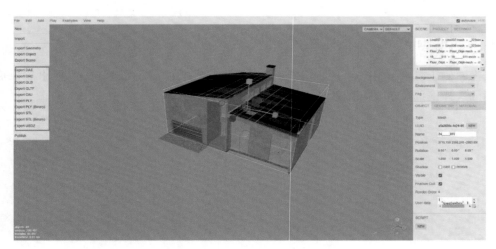

图 6.26　模型导出

以武汉大学遥感学院大楼为具体示例，刚输入的模型是黑色的（图 6.27）。
改变模型的材质，效果如图 6.28 所示。
对模型添加贴图，效果如图 6.29 所示。
最终显示模型如图 6.30 所示。

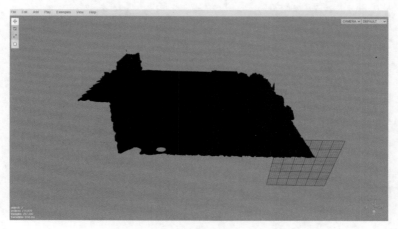

图 6.27　模型输入

图 6.28　改变材质

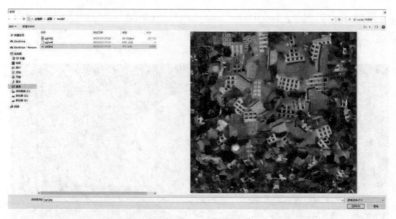

图 6.29　添加贴图

图 6.30　模型展示

6.3　基于 Cesium 的大场景模型发布

6.3.1　Cesium 引擎简介

Cesium 是一个跨平台、跨浏览器展示三维地球和地图的 JavaScript 库，可基于 WebGL 来加速图形显示，使用时不需要任何插件支持，但浏览器必须支持 WebGL。Cesium 基于 Apache2.0 许可的开源程序，可以免费用于商业和非商业领域，支持 3D 的三维地球（图 6.31）、2D 的二维地图（图 6.32）及 2.5D 的哥伦布视图等形式展示，可以自行绘制图 形，高亮显示区域，并提供良好的触摸支持，能够支持大多数的浏览器和 mobile，还支持 基于时间轴的动态数据展示。Cesium 支持多种数据格式，主要包括影像数据（Bing、"天 地图"、ArcGIS、OSM、WMTS、WMS 等）、地形数据（ARCGIS、谷歌、STK 等）、矢量 数据（KML、KMZ、GeoJSON、CZML）、三维模型（GLTF、GLB）和三维瓦片（倾斜摄 影、人工模型、三维建筑物、CAD、BIM、点云数据）等。

图 6.31　3D 视图

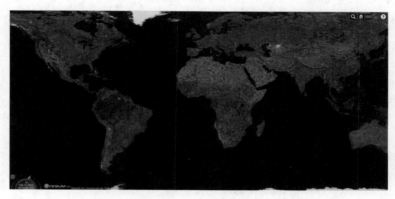

图 6.32　2D 视图

Cesium 的工程目录如图 6.33 所示，主要分为根路径文件、Apps 文件夹、Build 文件夹、Source 文件夹、Specs 文件夹和 ThirdParty 文件夹。

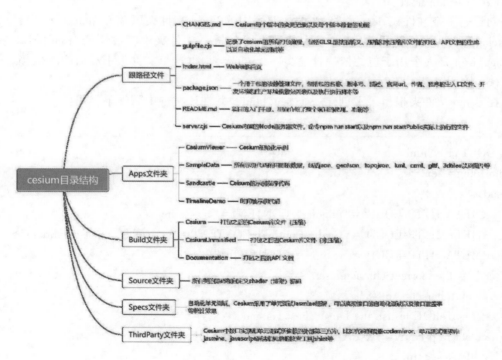

图 6.33　cesium 目录结构

6.3.2　基于 Cesium 的大场景模型发布示例

（1）Cesium 源码下载：

在 Cesium 的官网 https：//cesium. com/downloads/，点击【DOWNLOAD CESIUMJS】进行下载并解压（图 6. 34）。

图 6. 34　Cesium 源码下载

（2）Cesium 配置：

创建一个空文件夹 demo，将 Cesium 源码中的 Build 文件夹以及 Cesium 源码根目录下的 package. json 文件拷贝到 demo 文件夹中。（Cesium 文件夹中存放了 Cesium 的库文件，package. json 是一个用于包的依赖管理文件，npm 会根据这个文件去下载对应的依赖。）

（3）代码：

在 demo 文件夹根目录下创建一个 test. html，并在该文件中写如下代码：

```
<! DOCTYPE html>
<html lang = " en" >
<head>
    <META HTTP-EQUIV = " pragma"  CONTENT = " no-cache" >
    <META HTTP-EQUIV = " Cache-Control"  CONTENT = " no-cache, must-revalidate" >
    <META HTTP-EQUIV = " expires"  CONTENT = " 0" >
    <! -- Use correct character set. -->
    <meta charset = " utf-8" >
    <! -- Tell IE to use the latest, best version. -->
    <meta http-equiv = " X-UA-Compatible"  content = " IE = Edge" >
    <title>test</title>
    <! -- Include the CesiumJS JavaScript and CSS files -->
    <script  src = " https://cesium. com/downloads/cesiumjs/releases/1. 88/Build/Cesium/
Cesium. js" ></script>
```

```
    <link href=" https://cesium.com/downloads/cesiumjs/releases/1.88/Build/Cesium/
Widgets/widgets.css" rel="stylesheet">
    <style>
        @import url(./Cesium/Widgets/widgets.css);
        html, body, #container {
            width: 100%; height: 100%; margin: 0; padding: 0; overflow: hidden;
        }
    </style>
</head>
<body>
<div id="cesiumContainer"></div>
<script>
    const viewer = new Cesium.Viewer('cesiumContainer', {
        terrainProvider: Cesium.createWorldTerrain(),
        infoBox: false, // If set to false, the InfoBox widget will not be created.
    });
    </script>
</body>
</html>
```

（4）利用 node 进行发布，在 demo 根目录下创建 server.cjs 文件，代码如下：

```
/*创建 web 服务器*/
//引入 http 模块
var http = require("http");
//引入 express 模块
var express = require("express");
//引入 path 模块
const path = require('path');

//创建 express 实例
var app = express();
//添加静态文件目录,方便 express 找到 css.js 等静态文件
app.use(express.static(path.join(__dirname, "")));

//监听 9090 端口,端口可以自己设置
app.listen(9090, () => {
console.log(`cesium listening at port 9090`)
})
```

169

（5）以管理员身份运行 cmd，在 "demo" 目录下执行 "npm install" 命令（图 6.35）。

图 6.35　npm install 命令

（6）继续执行 "node server.js"，实现将网页部署到 Web 服务器上的操作（图 6.36）。

```
D:\demo>node server.cjs
cesium listening at port 9090
```

图 6.36　将网页部署到 Web 服务器上

（7）在网页中输入 "http：//localhost：9090/test.html"，即可显示三维地图（图 6.37）。

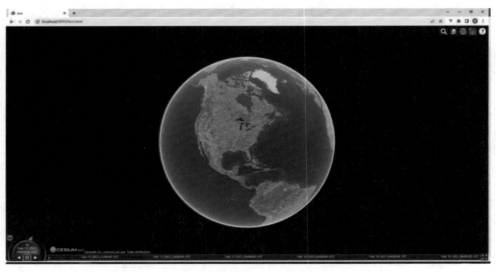

图 6.37　Cesium 部署测试

（8）以 3dtiles 数据为例，在 "models" 文件夹下放入模型，模型数据大小如图 6.38 所示。

（9）利用 Cesium 将模型发布出来，核心代码如下：

图 6.38　模型大小

```
var palaceTileset = new Cesium. Cesium3DTileset( {
    url：'../models/3d5/tileset. json',
        //控制切片视角显示的数量,可调整性能
        maximumScreenSpaceError：2,
        maximumNumberOfLoadedTiles：100000,
    })
//添加到场景
viewer. scene. primitives. add( palaceTileset) ;
//控制模型的位置
palaceTileset. readyPromise. then(
  function changeHeight( ) {
      let height = 0;
      height = Number( height) ;
      if ( isNaN( height) ) {
          return;
      }
      viewer. scene. primitives. add( palaceTileset) ;
      var boundingSphere = palaceTileset. boundingSphere;
```

```
    var cartographic = Cesium. Cartographic. fromCartesian(boundingSphere. center);
    var surface = Cesium. Cartesian3. fromRadians(cartographic. longitude, cartographic.
latitude, cartographic. height);
    var offset = Cesium. Cartesian3. fromRadians(cartographic. longitude, cartographic.
latitude, height);
    var translation = Cesium. Cartesian3. subtract(offset, surface, new Cesium. Cartesian3
());
    palaceTileset. modelMatrix = Cesium. Matrix4. fromTranslation(translation);
    })
```

（10）最终模型显示如图 6.39，图 6.40 所示。

图 6.39　模型近景

图 6.40　模型远景

6.4　本章小结

本章围绕着 3D 模型在线发布展开，主要介绍了 Web3D 技术的含义、优点、主要技术，以及 Web3D 主要的图形库。本章节对 Three.js 与 Cesium 这两种主流技术进行了详尽介绍，并通过实例展示出基于 Three.js 的简单模型发布以及基于 Cesium 的大场景模型发布的具体流程。

第7章　3D打印

3D打印工艺是指由机器自主"打印"连续的一层层软性、液体或粉末状材料，这些材料会迅速硬化或融合，从而形成三维固态物体。自20世纪80年代问世以来，3D打印技术已经取得了长足进步，广泛应用于制造、医疗、航空航天等领域。科学家们利用3D打印技术打印出了火箭、食品，甚至直接在人体内打印生物材料。

我国3D打印材料行业上游主要为基础材料开采、冶炼、加工企业，包括有色金属冶炼、橡胶加工、塑料加工等；中游为3D打印材料加工制造企业，分为金属材料、非金属材料和复合材料三大板块；下游应用包括医疗健康、航空航天、建筑材料，以及汽车等领域（图7.1）。

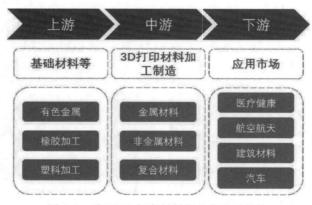

图7.1　我国3D打印材料行业产业链结构

7.1　3D打印原理

3D打印技术也被称为"增材制造"（Additive Manufacturing），是在当今的计算机辅助/制造技术、激光刻印技术、自动化数控技术、多轴精密移动技术及新型材料开发等技术的基础上，综合发展起来的一项参数化制造方法，它突破了传统设计和生产过程中需要大量模具和锻造工艺的缺陷。借助三维数据模型和3D打印设备，能够加工出任意形状的产品，为设计环节提供丰富多样的设计空间，特别适合小批小量、结构复杂、定制精细的工艺品设计及生产。其采用"分层制造，逐层叠加"的原理直接将数据化的虚拟图形转化为实际的实体结构，由传统方式的"减除材料法"转变为"材料叠加法"。

　　在机械制造业，"减除材料法"一直都是最受欢迎且使用最多的一种方法。顾名思义，这种方法就是从一块完整的原材料上逐步剔除掉多余的部分，最终得到所需形状的工件（图 7.2）。传统的车、刨、钻、磨等切削加工都属于这一方法，如日常生活中配钥匙等都是这一方法的具体应用。

图 7.2　减除材料法实例

　　3D 打印技术之所以被称为增材制造技术，是因为其在实际应用过程中，首先要得到物体的三维模型，然后将得到的三维模型进行二维化的切片处理，使其成为一个个独立的二维截面体。然后打印机会按照相应数据，通过自身的硬件设备一层一层地进行堆积，最后得到所需打印的物体。

　　根据 3D 打印技术所用材料及成型方法，可以将其大致分为熔融打印（FDM）、光固化打印（SLA）、激光烧结式打印（SLS）等。限于篇幅，本书主要介绍熔融打印和光固化打印两种方法。

7.1.1　熔融式打印

　　熔融式打印（FDM）由美国明尼苏达州明尼阿波利斯市的工程师 Scott Crump 于 1988年发明。熔融式 3D 打印技术是一种工业成型方法，一般选用丝状的热熔性材料，其在工作时会借助高温喷嘴对材料进行加热使其保持熔融状态，然后打印机的喷嘴会将熔融的材料挤压在工作台上。在计算机辅助设计软件的指导下，高温喷嘴能够结合二维层状片信息，将塑料线材融化成半液体状态，然后按照规定的轨迹运动，经过冷却最后形成一层0.1~0.2mm 厚的层状片轮廓。每完成一层的打印，工作台都会按照预定路线位移，并下降一段距离，这个距离与二维层状片的厚度相当，使打印机进行下一层的打印，直至完成所需要的物体（图 7.3）。

　　熔融式 3D 打印技术需要将产品进行固定，因此，产品支撑需要使用一些塑料线材。在实际生产过程中，产品支撑的塑料线材与产品打印的塑料线材可以一样，也可以是多种线材混合打印，适用于加工标准的工程塑料。

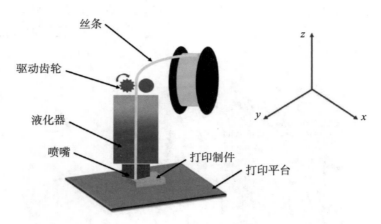

图 7.3　熔融打印原理

1）熔融式 3D 打印技术的优势

（1）塑料线材品种颜色众多。

（2）成型产品在不同温度、湿度等环境条件下依然能够承受一定的拉伸、压缩、扭转、弯曲等载荷，其力学性能能够与注塑件相媲美。

（3）作为一种 3D 工业成型方法，其加工出来的成型产品需要在后期进行相关的处理。

2）熔融式 3D 打印技术的劣势

（1）基于水平方向形成的二维层状片通过堆积的方式形成成型产品，因此其在垂直方向的拉伸、压缩、扭转、弯曲等载荷较差。

（2）作为一种 3D 的工业成型方法，其加工精度不高，如果产品的曲面较多且复杂，那么成型产品的表面光洁度则不会理想，会出现台阶纹。

3）熔融式 3D 打印技术的应用

（1）制造业领域：

熔融式 3D 打印技术在制造业中使用广泛。2011 年，英国南安普敦大学 Andy Keane 和 Jim Scanlan 带领团队花了一周时间设计制作了首台 3D 打印的飞机，并试飞成功。同年，KorEcologic 推出全球第一辆 3D 打印的汽车 Urbee，汽车所有的外部零部件都是由 3D 打印而成。2013 年，美国分布式防御组织负责人科迪-威尔森发布全世界第一款完全通过 3D 打印技术而制造出来的塑料手枪。2018 年，AREVO 公司采用 3D 打印技术生产了碳纤维框架的自行车，AREVO 将 3D 打印与机器人技术、机器学习和热塑性材料相结合，使用安装在机械臂上的打印头打印出自行车车架的三维形状（图 7.4）。

（2）食品加工领域：

在 2011 年美国康奈尔大学就开始着手研究用 3D 打印机打印食物（图 7.5），紧接着 NASA 开始研究让宇航员在太空中利用 3D 打印机打印食物。同年 7 月，英国埃克塞特大学研究人员开发出世界上第一台 3D 巧克力打印机。如今，熔融沉积成型 3D 食品打印机

图 7.4　AREVO 公司采用 3D 打印技术生产的碳纤维框架自行车

可以通过控制打印材料和营养成分，为用户打印具有定制形状、颜色、香味、纹理和营养的食物。

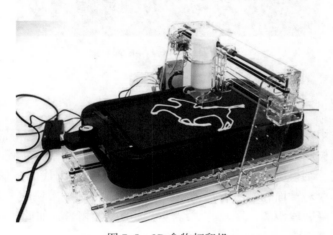

图 7.5　3D 食物打印机

（3）教育领域：

熔融式 3D 打印技术在教育领域的应用分为两类：一类为在中小学学科教学中的应用，国内一些大城市已经开始引入 3D 打印教学，深圳市南山区中学老师童宇阳分别给出了 3D 打印在中学语文学科、数学学科、英语学科、物理学科、化学学科、地理学科上的应用案例。利用 3D 打印技术开展中学教学本质上是多媒体技术的延伸，能拓展学生的思维，帮助学生加深对知识点的理解。另一类是 3D 打印教育创新应用，包括创客空间、创新实验室、STEAM 课程等。这类教育主要针对大学生及社会上的成年人，主要目的是使 3D 打印技术在社会上推广、普及，成为融入学校、家庭和社会的具有革命性影响的技术。

（4）医学领域：

熔融式 3D 打印技术在医学领域应用很广，Munteanu、Adriana 等研究了 3D 打印在整形外科手术中的应用，并指出了其与传统的整形外科相比的优越性。例如用 3D 打印的假肢价格更便宜，还可以打印成不同颜色来吸引儿童患者（图 7.6）。Chen、Hu 等用熔融型 3D 打印机给病人定制打印牙齿底座，用此方法设计打印的牙齿底座比手工制作的牙齿底座有更高的精确度。

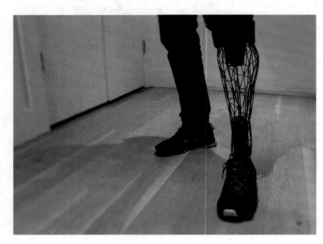

图 7.6　3D 打印假肢

7.1.2　光固化打印

光固化打印技术（SLA）是一种快速成型制造工艺。其核心思想是需要借助紫外激光光束对液体的光敏树脂进行固化。首先，利用计算机辅助软件对三维模型进行切片处理；然后将处理后的切片结果统一转换成 STL 格式文件并生成加工代码；借助打印机的控制软件，紫外激光光束对截面轮廓进行扫描，然后平台将得到一层快速固化的二维层状片；接着，平台将会下降一段距离，距离与二维层状片的厚度相当，如此循环层层叠加，最终构建三维实体（图 7.7）。

由于光固化打印技术是材料内部发生化学变化，因此工件的成型尺寸精度较高，也可打印复杂几何结构。另外，由于是在液态树脂中打印，成型的表面效果较好，主要应用于复杂、高精度的精细样件快速打印。

光固化打印技术主要应用于定制化、产量过小、复杂外形的产品，因为产量过少，所以无法通过传统的工艺实现成本降低的同时效率提升。除此之外，基于光固化成型技术的 3D 打印技术需要借助支撑结构对产品进行固定，支撑结构的去除过程中有可能会损坏成型产品的质量。

1. 光固化成型工艺优势

（1）光固化成型作为最早发展的 3D 打印技术，其工艺比其他 3D 打印工艺成熟，应

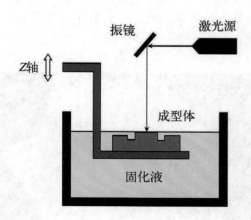

图 7.7　光固化打印技术的工作原理

用的领域较其他工艺广泛，约占全世界 3D 打印成型系统的 60%。

（2）由于采用紫外激光光束对液态光敏树脂进行快速固化，因此其技术具有成型速度较快、系统工作稳定的优势。

（3）基于光敏树脂固化的成型产品具有高度柔性，因此它适用于柔性和软体塑料的生产。

（4）产品成型精度很高，通常达到微米级别。

（5）产品表面光洁度高，适用于打印工业用的精细零件。

2. 光固化成型工艺劣势

（1）采用光敏树脂的成型产品具有很高的柔性，在实际生产时必须考虑产品的支撑结构。产品成型后力学性能较差，抗腐性能较差，不能代替注塑件使用。

（2）由于产品是在液体环境中快速固化的，因此精密的控制系统需要在液体下面工作。基于光固化成型的打印设备价格较其他工艺的打印设备更昂贵，打印机对工作环境的要求相对于其他工艺工作也更苛刻。

（3）光敏树脂本身具有微毒的性质，因此产品对环境具有污染性，且可能让部分人产生过敏反应。

7.1.3　3D 打印技术应用

1. 航空航天

航空航天尖端制造领域是 3D 打印技术的重要领域之一。一方面，航空设备所需的配件往往都很小且需要特殊定制，若采取传统的生产流程会造成利用率低、成本高昂等问题。另一方面，3D 打印的制造过程是快速成型的，工人只需要打印完后稍加处理，就会显著缩短零件及配件的生产周期。3D 打印工艺还可以保证高端材料的利用率，成型过程不需要特殊的模具、夹具或其他工具，这会使产品变得更轻、更完善，但是同时也降低了产品的生命周期成本。与减法生产的过程相比，其生产废料减少了 40%，大大降低了航空设备的制造成本（图 7.8）。

图 7.8　3D 打印航空发动机

与传统的制造方式相比，3D 打印技术提供了无与伦比的自由度，可以很好地实现以下的复杂情况打印：

- 厚度变化大，深凹槽，宽切面。
- 不同复杂的形状，拓扑优化的形状，盲孔，高强度质量几何比和高表面面积体积比设计。
- 传统的制造零件需要连接在一起，现在可以集成到一个单独的印刷零件。
- 传统的制造嵌套零件，需要在多个步骤组装，3D 技术可以同时打印。

2013 年，NASA 发射的 KySat-2 立方体卫星上有多个零件是由 3D 打印制造而成的。2014 年 1 月，SpaceX 公司在其研发的火箭引擎上就采用 3D 打印技术制造了主氧化阀门，并且在后面的试验中达到了要求。2015 年初，美国联邦航空管理局（FAA）对通用电气的首个 3D 打印商用喷气发动机部件进行了认证。欧洲的空中客车公司一直在加大对 3D 打印技术的投资，该公司凭借绝对新的设计自由度，获得了业界前所未有的创新生产解决方案。在他们看来，3D 打印机具有很大的前景优势。并且，自 2019 年 1 月起，全新的 3D 打印支架将被运送到第一架飞机上。Rachel N. Hernandez 等设计并验证了 3D 打印火箭机身的可行性，研究表明 3D 打印不仅可以优化机身所需的复杂多特征部件，对机身设计进行无限制调整，而且在设计中利用微生物降解材料，生产出可回收性好、对环境影响低的机身也是可能和可行的。

2. 生物医疗

3D 打印技术提供了许多优势的医疗和生物机械应用程序，在假肢和植入物等领域为患者定制部件的机会正在增加。3D 打印还可以用来制作夹具，在手术过程中固定和引导工具及器械。外科医生现在可以在手术前查看 3D 打印的心脏模型（图 7.9），这样他们就可以有效地规划解决复杂问题的方法。这有助于发展应对困难情况的技术，也可以在手术前向病人展示具体步骤。

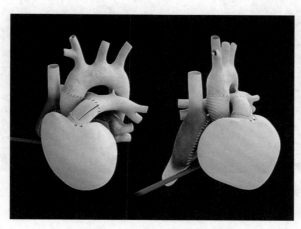

图 7.9 3D 打印心脏模型

近年来，生物医疗领域愈发注重个性化的药物设计和制造，为患者创造特有药物成为一种趋势。个性化医疗能够提高处方治疗的效果，并最小化其有害副作用。传统的大规模药物的生产方法限制了片剂的几何形状和药物用量，使这些生产方法无法用于个性化药品的生产，而这些难关已经被研究人员使用 3D 打印技术所攻破。3D 打印技术在个性化药品生产中表现出以下优势：减少生产步骤；允许小规模生产；准确控制用药；通过创建复杂的几何图形来精确控制药物释放；减少副作用。

3. 珠宝设计

珠宝业务在全球市场占有相当大的份额，预计未来时尚珠宝业务将有显著增长。定制和个性化珠宝的需求正在缓慢增长，预计将成为越来越多客户未来的选择。这种未来的需求可以通过 3D 打印等先进的制造技术来满足。与传统的制造方法相比，3D 打印机有许多优点，在珠宝行业中的应用也已有数十年的历史，且珠宝首饰的制作刚好符合了 3D 打印技术的少批量、小尺寸、高精度、造型复杂的特点，因此这种技术被越来越多的珠宝制造商所接受。如今，随着珠宝首饰材料的多元化，3D 打印生产制作技术在创新中完善，3D 打印机可以处理珠宝制造中使用的各种材料，同时也可以与智能技术相结合，制造定制的、个性化的珠宝，这可能是未来理想的解决方案（图 7.10）。

3D 打印技术弥补了传统设计方式的效果呈现问题。传统的设计方式是设计师手绘稿图，以图片的方式呈现给建模师，而平面的图案很难全面展示出立体的形象，导致建模师需要不断地和设计师沟通，浪费大量的时间，甚至有时佩戴效果也和设计效果有较大出入，进而造成多次返工的情况。3D 打印技术的介入就完美地解决了这些问题，利用该技术可以直接显示出产品的 3D 效果，替代了传统的手工蜡雕，节约了大量的人力、物

图 7.10　3D 打印钻戒

力。同时可以利用软件随时对产品模型进行修改，能够更好地融入设计师的设计元素，避免了不必要的浪费。总地来说，相比传统的设计方式，3D 打印技术速度更快、成本更低、精度更高。

7.2　3D 打印硬件与软件

7.2.1　国内 3D 打印机研发和制造商

1. 创想三维

深圳市创想三维科技股份有限公司是全球消费级 3D 打印机领导品牌，国家级"专精特新"小巨人企业，国家高新技术企业，专注于 3D 打印机的研发和生产，产品覆盖"FDM 和光固化"，拥有 420 多项消费级、工业级、教育级 3D 打印机授权专利。目前自主研发制造的熔融沉积和光固化 3D 打印机在国内处于领先水平。该公司一直致力于 3D 打印机的市场化应用，为个人、家庭、学校、企业提供高效实惠的 3D 打印综合方案（图 7.11）。

图 7.11　创想三维

创想三维的主要产品如下：

（1）Sermoon 等整机系列，适用于工业、教育行业。

（2）Ender 系列，易于操作，适用于 3D 初学者。

（3）CR 系列，精度较高，性能较强。

（4）HALOT 等光固化系列，适用于牙科、珠宝领域。

（5）3DSL 工业级产品，适用于工业级 3D 打印。

2. 云图创智

深圳市云图创智科技有限公司成立于 2018 年，公司总部位于中国深圳，是一家集研发、生产、营销、服务于一体的国际化 3D 打印机科技企业（图 7.12）。云图创智科技旗下的自主品牌"Artillery"，产品远销全球 80 多个国家和地区，拥有数十万全球 3D 打印用户，成为备受消费者青睐的 3D 打印机品牌。

图 7.12　云图创智

Artillery 品牌特别注重产品体验和客户意见，产品质量与服务得到了广大用户的认可。品牌主营消费级 3D 打印机、组装式 3D 打印机、整机配件、打印耗材等，目前发布了Sidewinder X1、Genius、Hornet、Sidewinder X2、Genius pro 五款熔融式 3D 打印机，机型涵盖从入门到高端。Sidewinder X1 自 2019 年 1 月发布以来，凭借卓越领先的旗舰产品性能，极简整合的外观设计，高效平稳的打印体验和超高性价比，成为业内标杆级产品，其在社交媒体上的测评视频播放量超过 1000 万，产品销量稳居一线行列。同年发布的Genius 机器，延续了 X1 的经典设计，亦在社交媒体上突破千万，成为年度最具性价比的消费级 3D 打印机之一。

3. 联泰三维

联泰科技（UnionTech），其技术被广泛应用于航空航天、电子电器、口腔医疗、文化创意、教育、鞋业、建筑等行业，在工业端 3D 打印的应用领域具有较大的品牌知名度及行业影响力（图 7.13）。

联泰科技（UnionTech）成立于 2000 年，是中国较早参与 3D 打印技术应用实践的企业之一，见证了中国 3D 打印技术的整体发展进程，目前产业规模位居行业前列，在 3D

图 7.13　联泰三维

打印领域具有广泛的行业影响力和品牌知名度。

　　联泰科技（UnionTech）定位于以三维数字化制造技术为基础，通过 3D 打印技术创造用户价值和提升用户体验，致力于为多行业用户在"分布式制造"和"规模化定制"之间构建连接，不断融合、创造、演进全新商业模式，为 3D 打印行业、制造业，乃至人们的生活方式带来变革。

4. 极光创新

　　深圳市极光创新科技股份有限公司成立于 2009 年，是国内专业的 3D 打印机研发及制造商，专注于 3D 打印技术开发及综合应用。2017 年，极光尔沃成功跻身新三板上市公司并通过国家高新技术企业认证；同年，极光尔沃北京分公司成立，标志着极光尔沃分公司战略正式启动，3D 打印产业规模发展将驶入快车道。极光尔沃集研发、生产、营销、服务于一体，致力于打造 3D 打印数字化生态系统，业务领域涵盖 3D 打印机、3D 扫描仪、耗材、3D 打印教育课程服务、3D 网络云平台服务及 3D 打印一体化服务等，综合实力处于业界高水平，产品远销世界 40 多个国家和地区（图 7.14）。

图 7.14　极光创新

7.2.2　打印软件

　　3D 文件的格式多种多样，不同的 3D 打印机或打印软件所要求的文件格式也有所不同，因此下面介绍几种 3D 文件格式转换工具。

1. Assimp

Open Asset Import 是一个库，用于将各种 3D 文件格式加载为共享的内存格式。它支持 40 多种用于导入的文件格式和越来越多的用于导出的文件格式，使用人数多。支持导入的格式有：3DS、3MF、DAE、DXF、FBX、GLTF、STP、STL、PLY。支持导出的格式有：DAE、STL、OBJ、PLY、JSON、STEP。

GitHub 地址链接：https：//github. com/assimp/assimp。

2. Meshlab

Meshlab 是一个开源、可移植和可扩展的三维几何处理系统，主要用于交互处理和非结构化编辑三维三角形网格。支持导入的格式有：PLY、STL、OBJ、3DS、DAE、PTX、V3D、PTS、APTS、XYZ、GTS、TRI、ASC、X3D、X3DV、VRML、ALN。支持导出的格式有：PLY、STL、OFF、OBJ、3DS、DAE、VRML、DXF、GTS、U3D、IDTF、X3D。

地址链接：https：//github. com/cnr-isti-vclab/meshlab。

3. CAD Exchanger

CAD Exchanger 是一款易于使用的 3D 查看器和转换器，可用于读取和转换所有关键 3D 格式。CAD Exchanger 支持包括 IGES、STEP、JT、ACIS、Parasolid、IFC、FBX、Solidworks 等在内的数十种格式。

下载地址：http：//www. downxia. com/downinfo/299252. html。

切片是指用软件把模型文件转换成 3D 打印机动作数据，将一个实体分成厚度相等的很多层，这是 3D 打印的基础，分好的层将是 3D 打印进行的路径。以下是较常用的几款切片软件。

1. Slic3r

Slic3r 是一款开源、免费、相对快捷和高度可定制化的切片软件，能将 STL 格式的 3D 模型转换成与固件配套的 G 代码，其中文版功能全面，使用便捷。

下载地址：http：//dl. slic3r. org/win/slic3r-mswin-x64-1-0-1-stable. zip。

2. Cura

Cura 是 Ultimaker 公司设计的 3D 打印软件，使用 Python 开发，集成 C++开发的 CuraEngine 作为切片引擎。提供 3D 打印模型使用专门的硬件设备的简单方法。其特点是切片速度快，用户体验好，并且允许调整打印质量和使用的材料，可以设置包括速度、精度等很多参数。

下载地址：https：//ultimaker. com/software/ultimaker-cura。

3. Simplify3D

Simplify3D 是一款来自国外的 3D 打印切片软件，Simplify3D 软件控制 3D 打印的各个方面，软件使用更加简单、便捷，参数设置详细。用户可以自定义不同功能的打印质量，甚至可以改变部件的机械性能，几乎支持市面上所有的 3D 打印机。

下载地址：https：//pan. baidu. com/s/1OMY3HsMh9Y9DT5SUfgIZQg，提取码：xgrv。

4. HALOT BOX

HALOT BOX 是创想三维自主研发的一款光固化切片软件。它内置了创想云模型库并支持模型的搜索、收藏、分享和导入，也可进行模型和支撑的编辑、自动布局、抽壳、打洞操作，切片后的文件支持本地保存、上传创想云、Wi-fi 发送到打印机。

下载地址：https：//www. crealitycloud. cn/software-firmware。

7.2.3　在线模型库

1. 3DCOOL

3DCOOL（图 7.15）是一个经典的国内 3D 模型库，界面简洁，模型较为丰富，具有搜索功能，能够快速找到自己需要的模型，适用于 3D 模型的学习与练习。模型主要为 obj 格式。

地址：https：//3dcool. net/。

图 7.15　3DCOOL 网站首页

2. 3D Total

3D Total（图 7.16）提供 3D 人物角色、家庭、身体部位、车辆、武器、外星人角色、建筑、中世纪、卡通、星球大战、场景、动物、科幻等不同类别或风格的免费资料。模型主要格式包括 max、3ds、dxf、lwo、mb。

地址：https：//3dtotal. com/。

3. TurboSquid

TurboSquid（图 7.17）是世界上最大的 3D 产品库。它提供超过 300 个免费的 3D 模型供下载，同时提供一些收费的精致 3D 模型供学习与使用。模型主要格式包括 max、3ds、oth、obj、lwo、mb。

地址：https：//www. turbosquid. com/Search/3D-Models。

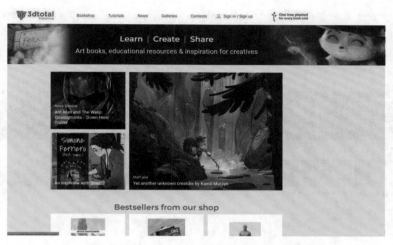

图 7.16 3D Total 网站首页

图 7.17 TurboSquid 网站首页

4. Google 3D Warehouse

Google 3D Warehouse（图 7.18）是谷歌建立的一个 3D 模型在线数据库，可供所有用户免费搜索和下载模型。模型文件为 skp 格式。

地址：https：//3dwarehouse. sketchup. com/。

5. Sketchfab

Sketchfab（图 7.19）是国外一个优质的 3D 模型网站，拥有多个类别的模型，包含动物、建筑、艺术、汽车和食物等模型。但是其中大多数都需要付费购买。模型主要包括 glTF、fbx 等格式。

地址：https：//sketchfab. com/3d-models?。

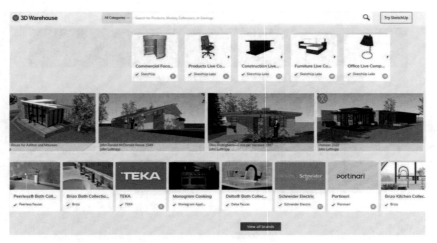

图 7.18　Google 3D Warehouse 网站首页

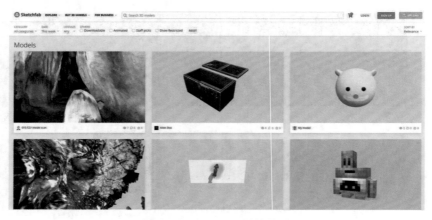

图 7.19　Sketchfab 网站首页

6. Grabcad

Grabcad（图 7.20）为所有的机械设计工程师提供免费的通用 CAD 模型下载，以及设计工作交易市场等服务。是专业机械设计师、工程师、制造商和学生的最大社区，专业性很强，模型包括 solidworks、stp 等各种源文件，并且全都可以免费下载。

地址：https：//grabcad.com/library。

7. 创想三维模型库

创想三维创建的在线三维模型库（图 7.21），用户能够自由上传或下载模型，同时提供便捷的后续切片操作。

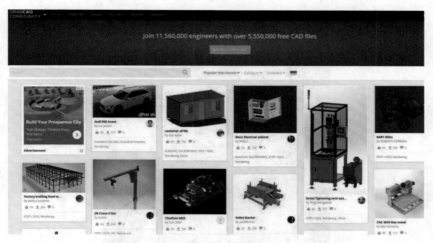

图 7.20 Grabcad 网站首页

图 7.21 创想三维模型库首页

7.3 打印 3D 模型示例

下面以创想三维 HALOT-ONE 光固化打印机（图 7.22）为例，介绍如何打印一个 3D 模型。

7.3.1 模型获取、转换与切片

首先是获取一个三维模型，可以在前面介绍的三维模型库中下载（图 7.23）。这里以创想三维提供的模型库为例。

下载好三维模型后，如果格式与切片软件支持格式不相符，则应使用格式转换工具得到正确格式的模型文件。这里下载得到的是 STL 文件，符合要求，可以直接进行切片操作。

图 7.22　HALOT-ONE 光固化打印机

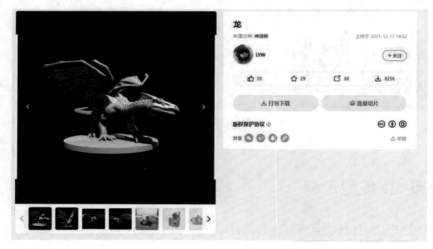

图 7.23　下载三维模型

　　下面以创想三维提供的 HALOT-BOX 切片软件为例，示范模型的切片操作。

　　（1）打开 HALOT-BOX 切片软件（图 7.24）。

　　（2）点击左上角打开工具，导入下载好的模型文件，并调整到合适的位置（图 7.25）。

　　（3）调整好位置后可以根据模型的形状及位置来添加支撑。在右上角可以选择调整支撑的详细参数，如距离平台的高度、支撑密度等（图 7.26）。此示例中，因为从模型库

图 7.24 打开 HALOT-BOX 软件

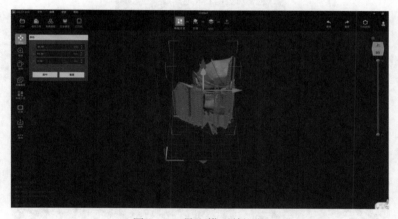

图 7.25 导入模型并调整

下载的三维模型本身就带有支撑，因此可以直接进行切片步骤（图 7.27）。

（4）切片步骤需要设置一系列的切片打印参数，基础选项包括曝光、打印上升高度、底层曝光数等，高级选项包括 X 轴、Y 轴、Z 轴补偿等。调整好参数后点击【切片】按钮即可进行切片操作，等待切片过程完成即可导出。

在导出界面会给出层数、预估耗材、耗时、模型质量等信息。检查无误之后导出 cxdlp 文件，并将文件保存至 U 盘。

7.3.2 打印机设置与打印

调平平台（图 7.28）。先将打印机平台上升，拧松料槽左右两侧料盘的固定螺丝，将料槽去除。再松开成型平台连接板的四颗螺丝，将 A4 纸贴近打印屏，按【设置】→【Z 轴运动】→【调平】（图 7.29），检查平台是否与纸张均匀贴合。确认 A4 纸均匀贴合后，锁紧平台的四颗螺丝。

191

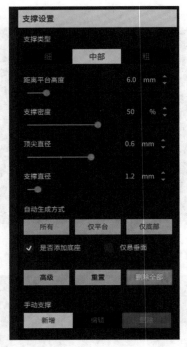

图 7.26　支撑设置

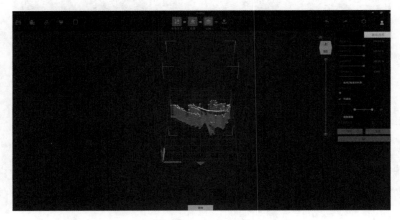

图 7.27　切片过程

　　完成调平后需要将 3D 打印机 UV 光敏树脂倒入料盘。随后将存有打印文件的 U 盘插入，选择【打印文件】，开始打印（图 7.30）。

7.3.3　模型清洗与后续处理

　　使用 3D 打印机打印出物件后，需要通过后处理让物件变得更完美。打印完毕，3D 模型的后处理主要包括清洁打印件、清理支撑、二次固化，以及安全处理和处置树脂。

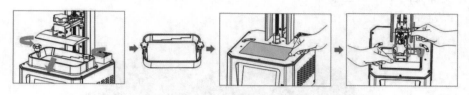

图 7.28 调平过程示意图

图 7.29 显示界面调平操作过程

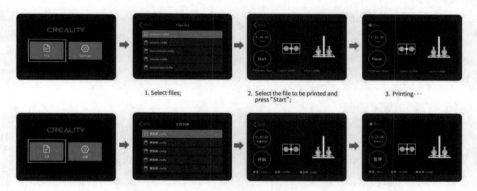

图 7.30 选择文件并打印

1. 清洁 3D 打印件

每当 3D 打印过程结束，都需要清洁 3D 打印件。因为不管打印多久时间，打印件表面都会残留一些树脂，假如不小心让它变硬，可能会稍稍扭曲模型的真实形状。清洁打印件流程如下：轻轻将 3D 打印件放进酒精中，保证有充足的酒精彻底遮盖模型部件；浸泡约 10 分钟或清洁 10 分钟；用纸巾轻轻擦拭 3D 打印件以去除酒精。

2. 清理支撑

使用剪钳剪掉支撑材料，保证与打印表面齐平或尽量贴近（图 7.31）。在大多数情况下，清理支撑架的工作不会过于复杂，可是假如支撑依附在某些更精细的细节上，需要非常小心，以避免造成过大损伤。

图 7.31　利用剪钳剪去支撑

3. 对 3D 打印件进行二次固化

二次固化是决定 3D 打印质量的关键步骤。高波长紫外线可固化整个零件，提高其强度。然而该过程针对更厚、更坚固的零件需要更长的时间，因此建议采取一些额外步骤来提高二次固化的整体效率。首先是找到一个合适的转盘和需要固化的 3D 打印的容器，大部分转盘底座都将比采用 SLA 打印机制作的 3D 打印件更大；其次是需要某些东西能使周边的光线发生反射，例如油漆罐、纸板箱等。假如容器不反光，可以采用利于反射光线的铝胶带，使 3D 打印件的全部面彻底固化。假如紫外线固化灯箱很大，能够把容器及转盘放进固化箱中，又或是能够将固化灯稳固在某些地方照射容器，则可以将其安装在能够直接对准转盘的部位。在这种有利情况下，只需要半小时即可完成小型 3D 打印件的固化。

4. 安全处理和处置树脂

假如采用 PLA、ABS、PETG 或尼龙等塑料进行熔融式 3D 打印，那与光固化 3D 打印机将有着较大的不同。虽然各过程有类似的步骤，但也存在不同的关键点，其中最为重要的是安全处理材料和维持工作环境清洁。采用熔融式 3D 打印机，只需要关心发热的零件，及其在完成打印并卸掉支撑架后就可丢弃的废料。而光固化打印与熔融式 3D 打印中采用的塑料不同，前者采用的树脂不是惰性的，因此未固化的树脂是对皮肤有刺激性的。每当采用光固化 3D 打印机时，需要保证佩戴正确的个人防护设备，例如手套和护眼罩等。

7.3.4　打印机清理

由于光固化打印机料槽内通常会残留一些废料，在进行新的打印工作之前，需要将这些废料进行妥善处置。

首先点击打印机的【设置】按钮，然后点击【清理】按钮，开启曝光功能（图 7.32）。等待曝光一分钟左右，再次点击清理功能，关闭曝光（图 7.33）。

然后拧松料槽的固定螺丝，取下料槽，用滤纸将料槽里剩余的液态树脂倒回瓶子，该过程需要严格佩戴手套（图 7.34）。

图 7.32　开启清理功能

图 7.33　开启曝光后的打印机

图 7.34　倒回剩余树脂

其次，使用专用的塑料铲将凝固的一层树脂轻轻翘起，该过程一定要仔细操作，不要破坏料槽表面的玻璃型膜（图 7.35）。

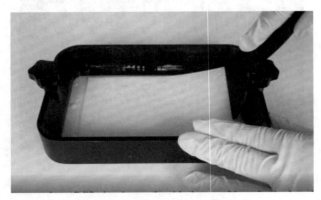

图 7.35 铲除剩余固态树脂

取下废弃的树脂，用酒精清洗料槽内剩余的树脂，注意要用纸巾擦干料槽内的酒精，以免在下次打印时稀释打印材料（图 7.36）。

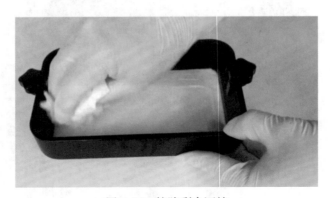

图 7.36 擦除剩余酒精

最后将料槽装回打印机，拧紧固定螺丝，至此完成清理工作。

7.4 本章小结

本章介绍了熔融式打印和光固化打印的原理、优势、劣势及其应用领域，列举了市面上常见的 3D 打印机研发和制造商、打印软件和 3D 模型库，最后以创想三维打印机为例，详细介绍了如何打印一个 3D 模型。

参 考 文 献

［1］吴怀宇．3D 打印：三维智能数字化创造 ［M］．3 版．北京：电子工业出版社，2017．

［2］中国 3D 视觉感知行业分析报告——行业供需现状与发展趋势分析（2022—2029 年）［R］．观研报告网，2021．

［3］李京伟．无人机倾斜摄影三维建模 ［M］．北京：电子工业出版社，2022．

［4］宁振伟，朱庆．数字城市三维建模技术与实践 ［M］．北京：测绘出版社，2013．

［5］成思源，谢韶旺．Geomagic Studio 逆向工程技术及应用 ［M］．北京：清华大学出版社，2010．

［6］卫涛，徐亚琪，张城芳，等．草图大师 SketchUp 效果图设计基础与案例教程 ［M］．北京：清华大学出版社，2021．

［7］蔡飞龙，周艳．计算机三维设计师 3ds Max 教学应用实例 ［M］．北京：清华大学出版社，2008．

［8］黄鸿章．新印象：Lumion 材质灯光渲染与动画技术精粹 ［M］．北京：人民邮电出版社，2022．

［9］科齐．深入理解 OpenGL、WebGL 和 OpenGL ES ［M］．北京：清华大学出版社，2020．

［10］李军．面向三维 GIS 的 Cesium 开发与应用 ［M］．北京：测绘出版社，2021．

［11］王广春．3D 打印技术及应用实例 ［M］．北京：机械工业出版社，2016．

［12］陈士凯，程晨，杜洋，等．了不起的 3D 打印 ［M］．北京：人民邮电出版社，2014．

［13］FARO Focus Laser Scanner ｜ Hardware ｜ FARO ［DB/OL］．https：//www.faro.com/Products/Hardware/Focus-Laser-Scanners．2023-01-01/2023-05-09．

［14］GeoSLAM：3D Geospatial Technology Solutions ［DB/OL］．https：//geoslam.com．2023-01-16/2023-05-09．

［15］AtlaScan 多模式多功能量测 3D 扫描仪-武汉中观自动化科技有限公司 ［DB/OL］．https：//www.zg-3d.com/AtlaScan.html．2020-12-31/2023-05-09．

［16］HALOT-ONE 产品说明书-创想三维官方网站 ［DB/OL］．https：//www.creality.cn/．2023-01-16/2023-05-09．